U0250129

文学·艺术·生活

六角丛书

伊始　姚中才　陈贞国　著

南海
远方的家

武汉大学出版社

图书在版编目(CIP)数据

南海远方的家/伊始,姚中才,陈贞国著.—武汉:武汉大学出版社,2012.11
六角丛书
ISBN 978-7-307-10249-1

Ⅰ.南…　Ⅱ.①伊…　②姚…　③陈…　Ⅲ.南海—概况
Ⅳ.P722.7

中国版本图书馆 CIP 数据核字(2012)第 261917 号

责任编辑:张福臣　　责任校对:王　建　　版式设计:韩闻锦

出版发行:**武汉大学出版社**　(430072　武昌　珞珈山)
　　　　　(电子邮件:cbs22@whu.edu.cn 网址:www.wdp.com.cn)
印刷:湖北恒泰印务有限公司
开本:880×1230　1/32　印张:6.375　字数:102 千字　插页:2
版次:2012 年 11 月第 1 版　　2012 年 11 月第 1 次印刷
ISBN 978-7-307-10249-1/P・207　　定价:20.00 元

和南海一起呼吸（代序）

——壬辰序《南海远方的家》

郭小东

在人的一生中，如果你有幸到过西沙、南沙、中沙、曾母暗沙辽阔的海疆；如果你有幸登临南海诸岛任何一座岛屿、礁盘；如果你有幸结识任何一个守礁的人，有幸和他们站在一起，和每一块礁盘站在一起，那么，你曾经的离开，也一定是像他们一样——像英雄一样离开。

　　因为，南海诸岛，从来就是只有英雄才能登临的圣地。自古以来世世代代的中国人，在这片辽阔的三百万平方公里海域上，逆风行船，横雨捞月，以世代传承的血脉和以命相搏的劳作，创造了属于中国人的中国文化和中国生活。这是中国人开拓与守土的骄傲。岛礁上的残船、碑记和无数代人深埋在那里的枯骨，都在无言地诉说着亘古的历史、中国人的历史。

　　1976 年 5 月 4 日，西沙海战结束不久，我受命赴西沙体验生活，创作电影剧本《南沙激浪》。

　　2005 年 11 月 25 日，我参加 "中国作家南海行"，与阿来、阎连科、李洱、北村、潘军、伊始和田瑛等赴西沙采风。

　　2006 年 5 月 25 日，我再次参加 "2006 年中国西中南沙巡航考察慰问团" 赴南海诸岛考察巡船、宣誓主权。

　　30 多年间三次赴西沙、南沙、中沙，在时间上，每一次逗留的时日，与 30 多年的漫长相比，是极为短暂的，更不能和岛上人员守礁的日夜相提并论，但却对我的生活和精神空间产生巨大影响。如果说 30 多年前那一次西沙之行，是对一个 20 多岁的青年爱国主义和英雄主义的启蒙，那么，30 多年后，跟随南海渔政的两次西南中沙之行，则无疑是深刻的人生洗礼。每次出征前，吴壮局长对南海诸岛的形势介绍，他作为一位老渔政，一位掌握着珠江流域和南海诸岛 300 多万平方公里海域（是祖国陆地的三分之一）的动态与生态安全，同时从民生角度彰显海上主权的首长，对南海诸岛的当下情势却无法乐观，以简陋的装备和有限人力去承担如此重大的任务并对如此辽阔的疆域宣誓主权，这是十分艰难的使命。使命的重中之重是守礁。且不说赤道上的高温高湿高盐，仅从人道人性角度言，将近三个月（或更长时间）远离亲人，与家人断绝音讯，缺水缺青菜和新鲜食品，而引发的种种心理、精神问题，都要靠坚强意志去缓解修复。他们中的许多人，从年轻时就坚守这个岗位直到退休，有的累计守礁时间达一千多天，以至于从身体到精神，都无法习惯和适应陆上生活乃至家庭生活，成了真正意义上的"海龟"。

这是一群和平年代最伟大的人，是以战胜孤独寂寞和危险为终生职业的人。在繁华喧闹的广州，中山一路 41 号的南海渔政大楼里，从普通干部到局长领导，每个人都有过守礁的经历。那种难以言表、无法以英雄话语来言说，却无疑只属于最坚强最纯粹的人才可能具有的品质，成为这一座并不起眼的大楼的精神象征。

很多人并不知道、并不了解"南海渔政"，究竟何为？他们的存在意味着什么？这座大楼和这一群人，淡出市民的视线、媒体的关注，他们承担的特殊使命注定了只能作为无名英雄的命运。

我常常想，从这座大楼里走出来的人，每一次出征，也许不再归来，"牺牲"成了他们每个人心中特别的字眼。谋生也罢，奉献也罢，他们所执行的特别任务，就是时刻准备着和"牺牲"不期而遇。

我把30多年前写下的那些幼稚但是激情的文字，作为梦的序幕，献给南海诸岛的保卫者和建设者。

我决定年后跟随渔政302轮去南沙守礁，是在赴西沙航程上的第5个夜晚。那时，我们已经在海上漂泊了5天，西沙海域台风12级以上，我们别无选择，终于第5个夜晚在清澜的外海，302轮顶着九级风浪，向西沙顶风而去，继续着海上的漂泊。凌晨3时，所有的人都蜷缩在狭小的舱位上，只有船长徐再林和大副杨虾佬等几个船员在驾驶轮船。我在通往驾驶舱的过道上，窥见统舱里有几个船员在呕吐。

30多年前的1976年，西沙海战刚过去年余，我在老师陈贤茂的带领下，奉命赴西沙创作与走资派作斗争的电影剧本《南沙激浪》，凭空编造了一个走资派勾结阶级敌人，破坏周总理"向深海远洋进军"的伟大号召的故事。西安厂开始筹拍时，"四人帮"垮台了。

在西沙的日子里，走遍了包括金银、中建、琛航等远离永兴岛的岛屿，没有看见阶级斗争，倒听到许多对越海战的英雄故事，见到了琛航岛上19位年轻烈士的墓地，还有珊瑚岛上长年守岛的三个兵。

2005年11月4日晚离开西沙群岛，7个月后的5月25日——6月6日，我与伊始应吴壮局长之邀，又与农业部、外交部、中央政策研究室和广东渔政大队的同志们共32人，组成赴西南中沙慰问团，参加南海渔政的例行南沙巡航。从广州经中沙群岛、黄岩岛、美济礁、仁爱礁、榆亚暗礁、簸箕礁，直抵曾母暗沙，此处已是北纬4°，进入赤道的中心海域。再从曾母暗礁折向北走，经西部渔场、日积礁、永暑礁，再度抵达永兴岛。全程 14 天，航行 2400 海里，约 4480 公里，航时 160 小时。这是一次生命之旅。我与伊始，可能是第一个抵达南沙的中国作家。

30 多年前，我在刚刚收复回来的西沙群岛眺望南沙，憧憬南沙。那时的南沙只能是活在想象中，而今天，我亲历了南沙，真正抵达中国最南的海域。在赤道的海面上，感受中国的伟大疆域。

百多年前的甲午战争，如果不是因为海军经费 750 万两白银被挪用去修颐和园，可购买速射炮 280 多门，比日本舰队多 107 门。如果用于"三海工程"的 10000 两白银（为慈禧太后祝寿），用来购买德国的"吉野"号巡洋舰（此舰由中国接洽购买后放弃，让日本买走），则甲午战争的胜方必定是中国无疑。若此，中国历史和世界历史将必然重写，中国的近代史也应是另外的风貌。因为 750 万两军费被挪用，因为 10000 两白银的他用，甲午之战失败了。中国作为战败国，因而赔偿战胜国 6 亿两白银，是 750 万两的 80 倍，还割让台湾给日本，致使中国积贫积弱，长期陷于内乱外战、民不聊生的境地。这都是海权建设的短视造成的。

几年前，我曾写道：

"我想，如果把建国家歌剧院的几十亿人民币投放到南沙建设，彻底改善渔政的基本建设；如果把300多万平方公里的南海诸岛海域，构建成中国新的特别行政区——南沙经济特区，赋予一级政府或单列的职能，将会怎样？"

现在，三沙市终于成立了。

南沙辽阔海域的形势是严峻的。

2012 年 11 月 11 日

目 录
CONTENTS

驶向远方的家

保岛保家

家的故事

好大一个家

驶向远方的家

新闻战未被触及的内幕

春寒料峭的季节，远离大陆的西沙海面气温已骤然升至30℃。

2009年3月10日上午，试航成功的中国渔政311船正式入列中国渔政南海总队。来自农业部、广州军区、南海舰队、海军广州基地、广东省边防总队和我国各大海区渔政单位，包括海洋、海事、渔业以及水产研究和船舰研究等单位的嘉宾，齐聚在总队新洲基地码头，参加简朴而隆重的入列仪式。

农业部南海区渔政局副局长兼中国渔政南海总队总队长杨朝雷主持仪式。常务副总队长杨怡隆介绍中国渔政311船的基本情况和入列后的主要任务。

农业部南海区渔政局局长吴壮作了热情洋溢的发言。他说，中国渔政311船的正式入列使用，是中国渔政史上的一件大事，是渔政执法力量增强的标志，也是我国渔政管理扩大覆盖面的体现。311船入列使用，对宣示国家海洋主权和维护我国渔业、渔民权益具有重大意义。它不仅加强了中国渔政的执法力量，同时，也加强了我国专属经济区的渔政管理力量。今后，中国渔政 311 船将担负起专属经济区巡航管理、西沙南沙中沙群岛的护渔护航、北部湾联合监管以及渔业突发事故的救援工作，南海区渔政局和中国渔政南海总队绝不辜负国家和人民的重托，为渔政事业作出新的更大的贡献。

农业部总经济师杨坚代表农业部对中国渔政 311 船正式入列表示热烈祝贺并寄予厚望，希望南海区渔政局和中国渔政南海总队在保护国家主权和海洋权益的斗争中，向党和人民交出一份满意的答卷。

仪式结束后，11 时 45 分，中国渔政 311 船鸣笛起航，开赴南海执行渔政管理任务。

与往常的出航不同，中国渔政 311 船的首次巡航，引来了铺天盖地的新闻报道。除了没有披露巡航的目标海域——西沙群岛海域以外，有关该船的技术资料纷纷见诸各种媒体：总吨位 4600 吨、全长 112.68 米、宽 15 米、续航力 8000 海里、自持力 50 个昼夜、无限航区、最大航速 22 节，并配备现代化的通讯导航设备 GMDSS 等。

几乎所有的报道都特别指出，该船是"全国渔政系统船舶中吨位最大、航速最快、通讯导航设备比较先进的渔政船只"。

<<<
挥手欢迎我们的到来

《环球时报》和《环球》杂志在这次新闻战中显然占据了上风。他们把中国渔政311船的高调出航,置于一个更加广阔的背景中来观察:"近年来,中国渔政船只在南海有主权争议地区执行任务时,曾多次遭遇外国军舰的威胁,并发生多起中国渔民被非法扣留的事件。不仅如此,周边一些国家还试图通过种种手段加紧对我南海诸岛的争夺。2月中旬,菲律宾国会通过'领海基线法案',将我国黄岩岛和南沙群岛部分岛礁划为菲律宾领土。3月5日,马来西亚总理兼国防部长巴达维登陆我南沙群岛的弹丸礁和光星仔礁,以宣示马来西亚对这些岛礁'拥有主权'。这些行为遭到中国政府的抗议。"

这一次的船上巡航指挥、南海区渔政局副巡视员刘添荣,在接受《环球时报》记者采访时特别指出,最近发生在南海海域的"无瑕号"事件,至少说明了一个问题,作为渔政部门,必须加强在专属经济区的执法力量。

巡航总指挥吴壮局长则透露,南海区渔政局计划在未来三到五年大规模扩充船只数量,以更好地维护我国在南海的主权,保护我国的海洋权益。

"另据了解,另一艘渔政船也正在建造之中,编号304。与311船4600吨的总吨位相比,304船总吨位约2500吨,虽然吨位少了一些，可通信设备更先进，还能搭载直升机。"记者无孔不入，继续披露，"这将是我国在南海第一艘能起降直升机的渔政船。该船有望于 2010 年完成建造，随后开始在南海执行任务"。

《环球》杂志记者刘新宇则以一个颇为夸张的题目——《"抢"来的巨舰：亲历中国渔政 311 船巡航西沙》对这次巡航进行了全方位的报道。

他是从三亚海面登上中国渔政 311 船的。"从码头跳上小艇，我们开始寻找停泊在海上的 311 船。航行十几分钟，农业部南海区渔政局三亚站的船员突然挥手指向对岸，你们快看，就是那两艘船逼走了'无瑕号'！记者随手举起相机，扭过头在摇晃中抓拍了疾速掠过的两艘渔船——编号 1666，船舷蓝红相间；编号 8399，船舷白红相间。船员告诉我们，1666 号是福建的，8399 号是海南的。'无瑕'号是一艘美国海军监测船。3 月 11 日，外交部发言人马朝旭在回答记者提问时说：美国海军监测船'无瑕号'违背有关国际法和中国法律法规的规定，未经中方许可在南海中国专属经济区活动，中国已就此向美方提出严正交涉。我们要求美方采取有效措施避免再次发生类似事件。"

在船上，他从刘添荣口里了解到，311船原为南海舰队南救503船，2006年退役本已另有安排。"当时我们得知这个信息后，做了很多工作，花了很大力气，把它争取过来了。"除了"很多"和"很大"两个字眼，记者对"抢"的过程似乎也不甚知了，自然，对南海区渔政刚组建时的那种寒碜与捉襟见肘就更不清楚了。总共四条船，每条300吨。开足马力，也就区区每小时13海里而已。

此刻，船上指挥刘添荣伏在十万分之一比例的海图上，手指在上面画了一个圈，回头对参加巡航的记者和客人说，这就是西沙群岛，也是这一次编队巡航的目标海域。

海图上的航线标注得很详细，水深多少，何处有沉船、暗礁、沙洲甚至是战争年代遗留下来的炸弹，都一一标明。船上的海图与军用海图是同步更新的。船上的通信导航系统可以随时接收北斗一号卫星发来的气象信息，日本和我国台湾发布的气象信息也能收到。雷达扫描可以同时监控半径96海里的目标。只要是登记在册的民用船只，AIS都能自动识别，并在显示仪屏幕上显示出该船的名称、吨位、航线、目的地等信息。刘添荣说，有时在海上遇到不明船只，他们也能凭肉眼判断出对方的身份，毕竟在这一带海域出现的就那么几种船。多年在

<<<
宣示主权的 301 渔政船

南海执行任务，一切都太熟悉了。

"301船3月14日从南沙守礁回来，在广州刚补充好给养，又随311船一起出航了。船员们只有两天时间，几乎可以这么说，跟家人见面的时候，也就是分手的时候。"作为南海区渔政总队的前任总队长，即便是调到局里担任领导后，对手下的这帮兄弟，他仍一直深怀歉意。

在南海区渔政局的领导班子里，刘添荣是唯一的"山里人"。虽然自小生活在兴宁的大山里，对大海他却有着近乎痴迷的向往。高考第一志愿，他填的是"湛江海洋学校海洋渔业系"；第一次参加高校演讲比赛，带着一口浓重客家口音的他，却以"中华崛起，为海洋渔业事业献身"为题的演讲夺得一等奖。毕业论文，他选择的是渔政管理；毕业分配，他选择的仍是渔政管理——他本可以留校，也已被海南区党委宣传部看中，但他觉得，"还是渔政管理这个专业有搞头"。

几年前，奉命开赴北部湾护渔。经费没着落，只好四处借油。到加油站打白条，说是"国家任务"。加油站老板也识大体，小心地把白条揣进怀里，还笑着说了一句："国家任务，要多少给多少，只要你们还记得我这个加油站就行了。"

刘添荣听出来了，心里酸酸的。这话有两层意思：我识大体，你们大概也不会赖账。

船上兄弟说的话可就没那么婉转了。一口酒下肚，怨气全吐出来了："拿什么护渔？几根烧火棍，锄头柄一人一根！"烧火棍指的是武器，锄头柄自然是指命根了。

话是这么说，到了海上，照旧玩命干，还获得了部里的表彰。自然，经费缺口后来也补上了。尽管来得有点迟，但总算是可以兑现对油老板的承诺了。

今天，一船人的脸上都冒着喜气。今非昔比。一艘 4600 吨的渔政船，总算把渔政人的脸面全挣回来了。

船长林吉要呼叫永兴岛观通站。对方回复：请按指定泊位停靠。

永兴岛美丽如画。记者和客人们一踏出船舱，便被眼前的美景吸引了。岛上郁郁葱葱。树木那个绿啊，绿得流油。大海也全然不是记忆中的那种颜色，水面泛着一种在梦里都无法领略到的色彩，船只仿佛雕刻在一块晶莹剔透的蓝宝石上，连舷边都闪动着绚丽的波光水影。

我们也曾数次踏足永兴岛。军港里见不到半点飘浮的油花和杂物。跑过许多国家的港口，细数起来，这里该是世界上最洁净的港口了。

随船记者开始了他们一生中最难忘的采访。

"登岛的第一站是海南省西南中沙群岛办事处（现三沙市），一座三层的小楼，对面广场上，低处麻枫桐和草海桐灌木丛生，高处五星红旗随风飘展。"

办事处副主任谭宏才向他们介绍，仅今年头三个月，已发现外国渔船在西沙活动121艘次。有些渔船没带任何作业渔具，只有炸药包。据专家估计，每炸一次鱼，礁盘上的珊瑚得几百年才能恢复。外国渔船不仅进入西沙领海和内水侵渔，还多次在我礁盘上非法搭建晒鱼平台，浪花礁上经常出现搭台和拆台的一幕。地方渔政由于船少马力小，从2001年开始查处外国非法渔船至今，一共才抓获48艘非法作业的外国渔船，每船罚款5万~7万元。

"其实罚款是象征性的。"谭宏才说，"处罚是为了让他们认账，他们承认进入了中国内水，侵犯了中国领海，我们就达到目的了。"

石岛、将军林、副业生产基地、军史展览馆、海洋博物馆，包括那座日军遗留下来的老炮楼，自然是不可或缺的参观点。记者和客人们欢呼雀跃，兴致勃勃。

<<<

三沙市所在地
永兴岛上的主权碑

不远处，还有一"南海屏藩"石碑。字体圆润饱满，力道遒劲。

刘添荣告诉随行的记者和客人，1986 年元旦，时任中共中央总书记的胡耀邦同志来永兴岛视察，见到石碑背面刻着的几行楷字："海军收复西沙群岛纪念碑　中华民国三十五年十一月二十四日　张君然立"，当即询问，这个张君然是谁，人还健在吗？

无人知晓，只好各作推测。可能是"二战"后收复西沙、南沙的国民党海军军官，很可能去了台湾，也可能已经去世。

对这种模棱两可的回答，总书记自然不会满意。皱了皱眉头，对随行人员说，这块碑记意义重大，它是南沙诸岛主权归属的历史见证，一定要设法查明立碑人的下落。

这个问题其实并不复杂，只是以前没人去深究罢了。很快，调查便有了结果：张君然，原国民党海军司令部海事处上尉参谋、国民政府首任西沙群岛管理处主任。1950 年在香港起义，成为人民海军的一员。现居上海，长宁区政协委员。

一段埋藏了半个世纪的历史，终因张君然的出现而重新揭示在世人面前。1996 年，张君然的回忆录《1945—1948 收复南海诸岛主权亲历》面世，并收录于全国政协文史资料委员会汇编的《中华文史资料文库》第 6 册。

波光粼粼的海面，宛若一本在风中沙沙作响的大书。在这万顷碧波之上，远方的家里该有着多少不为人所知的故事呀。

南海：牵动世界的神经

2009 年 3 月，北京。南海问题头一次成为"两会"代表尤其是海军代表热议的焦点。

全国人大代表、海军装备部政委王登平将军在接受中央台的采访时指出，我国海洋权益面临严峻挑战，既有历史原因，也有我们自身的因素。中国幅员辽阔，不少人一辈子也没见过大海。即便是生活在海边的人，也不见得就具有强烈的海洋意识和岛屿意识。而历史上的闭关锁国和沿袭数千年的农耕文化传统，更是局限和遮蔽了国人对海洋的认识。过去，我们上小学，老师一讲国土，就是 960 万平方公里陆地，根本就没有蓝色国土这个概念，300 多万平方公里啊，这么辽阔的海域却连提也不提。所以，必须加强全民教育，从小学生抓起，让孩子们从小就了解海洋，认识海洋，熟悉海洋，关注海洋。

王登平，安徽肥西人。18 岁入伍。曾作为舰艇编队副指挥员，参加中国海军首次环球航行。他永远忘不了新加坡樟宜港的那一幕：当"青岛"和"太仓"号停靠码头的时候，望着在暴雨中伫立的华侨，官兵们的眼睛湿润了。雕像般肃立在舰上的"站坡"战士，向沿着舷梯鱼贯而上的华侨敬礼问候。乐队奏响了《歌唱祖国》。海军官兵和当地华侨同声高唱，泪水和雨水霎时交织在一起。

一位老华侨激动地说，踏上了祖国的军舰，就是踏上了祖国的土地。谢谢你们，谢谢你们让我再次踏上了自己的国土。

在巴西，他又一次听到了类似的内心剖白。

舰上官兵与华侨在甲板上联欢。原定不足百人，后来来了三百多人。由于凳子和马扎不够，甲板上站满了人。祖籍山东文登的陶遵华、陶遵芬、陶遵美三姐妹，带着许多背心、鞋垫专程从圣保罗赶来。联欢会结束都快半个小时了，三姐妹还迟迟不肯离去。她们拉着海军官兵的手说，我们年纪都大了，想回祖国看看，可拖家带口的很不容易。看到你们，看到我们自己的军舰，也算是回到祖国了。

晚上，编队通过巴拿马运河。经过第一道船闸时天空突然下起了雨。这时，岸上传来一阵阵呼喊声："欢迎祖国亲人！""你们辛苦了！"顺着声音望去，右舷百米远的隔离网外，近百名华侨正在向舰上挥手。其中一位白发苍苍的老人和一位抱着孩子的妇女，浑身都湿透了，还一路跟着战舰缓缓前行。原来，白天与水兵告别之后，他们并没有回家，而是绕道赶到运河岸边，继续为编队送行。

风雨中，官兵列队在舷边，庄严地举起右手，向他们还以军礼。

王登平将军感慨万千，水兵以舰为家，我们的海外游子，也同样把祖国的军舰视作浮动的国土——自己的家。

"两会"期间，美国海军监测船"无瑕号"在中国海南岛海面专属经济区内与中国渔船发生摩擦。中国国防部新闻发言人黄雪平表示，中方要求美方切实采取有效措施，防止此类事件再次发生。

参加"两会"的海军代表纷纷对此发表讲话。针对美方关于"'无瑕号'是在进行海洋测量，船上毫无武装并且都是商务性质的船员"的申辩，全国人大代表、海军副参谋长张德顺将军指出，"无瑕号"的真实身份和真实意图，是无法用谎言来掩盖的。"美国的这个船，就是海军监测船。只要懂点军事常识的人，都不难判断，它的所谓'商务性质'，其实就是军事目的，是用于海军监控和勘察的。"

美方提出，事发时"无瑕号"处于国际水域。张德顺将军反驳说，美舰在我国专属经济区内对我海域进行军事侦察，违反了中国法律和《联合国海洋法公约》。"按照主权海域管理规定，如果是无害的通过那是允许的，如果从事有害的一些调查行动，包括出于军事目的的一些侦察，都应该得到主权国家同意后方能实施。"

张德顺将军强调，美军监测船在中国专属经济区的非法侦测活动，直接威胁到中国渔船的航行安全。中国渔民向美舰抗议合理合法。"在设置作业的时候，这种船后面要拖着一个一两千米长的辫状的声呐基阵，这就会对我们正常的航线和渔船的作业造成危险。可以想像，我们的渔民遇到这种情况，心里是很反感的。因为撒网后，渔船在进行拖网作业的时候，是不能随便机动转向的。而你占的海域面积那么大，拖曳设备会对船只航行造成危险。况且你事先又没发出公告，也没得到我们政府的允许，所以，对这种行为，责任应该在美方。"

对于美方的无理抗议，张德顺将军说："用中国的老话说，这叫做恶人先告状。"

在审议政府工作报告的时候，张德顺将军的发言也格外引人注目。他说："报告讲到的第五个问题，也就是我们关于国家发展的经济结构的重组、调整的问题，像这里面对海洋开发和利用只用了十个字来简单表述，我觉得分量太轻，摆位太低。实际上我们海洋的开发和利用，和我们振兴东北老工业基地，包括中部和西部的发展，以及东部进一步的开发是一个整体，应该纳入我们国家的总体发展规划来进行筹划。"

发言中，他以我国海军的亚丁湾护航为例，进一步阐述自己的见解：我们国家有30条远洋航线，通达150个国家和地区。我们的贸易量，不管是出去的还是进来的，90%是通过海运来实现的。就说索马里亚丁湾这个海域，据统计，每年有10000多艘船舶经过那里，每天都有三四十艘。一旦这些船舶的安全受到影响，交通运输量下降，必然直接影响到我国的经济发展。我国海军远赴亚丁湾护航，是维护国家权益的具体体现。这是我国海军首次使用军事力量赴海外维护国家战略利益，也是首次在远海保护我海上重要交通运输线的安全，具有重大意义。

发言快结束的时候，他敲着桌子一字一顿地说："我们的安全威胁来自海上，我们的生存发展空间依赖海上，中华民族的振兴也将系于海上！"

对于近期周边一些国家相继挑起南海争端的报道，海军代表们同样给予极大的关注。他们十分清楚，这些国家无视签署《南海各方行为宣言》时的承诺，在存在争议的中沙群岛和南沙群岛海域动作频频，甚至企图通过国内法案将侵犯我国海洋主权的行为合法化，除了复杂的历史原因，还有一个重要的诱导因素——"联合国海洋划界委员会"要求各国在5月底前提交对海洋岛屿和管辖海域的主权申请。这些国家对黄岩岛和南沙群岛部分岛礁主权的主张，涉及数百万平方公里海域的管辖权，对我国在南海的主权提出了极大的挑战。

对此，全国人大代表、南海舰队政委黄嘉祥将军表示，作为军人，我们坚决贯彻国家在处理南海问题上的政策和原则，同时也要提升军事斗争准备的水平，我们有信心也有能力来保卫我们在南海的主权和权益。

在热烈的分组讨论中，海军代表达成一个共识：中国是一个海洋大国，但还不是一个海洋强国。在顾全国家的经济建设的大局下，有必要继续加强海军的建设。

"中国何时建造航空母舰？"这是一个很吸引眼球的问题。去年，中国国防部外事办公室主任钱利华少将在接受英国《金融时报》访问时，就很巧妙地说过一句话："如果中国建造一艘航空母舰，世界不应对此感到意外。"此言一出，世界舆论一片轰动。

现在，面对记者的再次追问，王登平代表平静地笑道："我们有 1.8 万多公里的海岸线，300 多万平方公里的蓝色国土。为着保卫国家的利益和民族的尊严，对我们的海军进行现代化武器装备是很正常的，不值得大惊小怪。"

记者转引网友提出的另一个问题："中国是否有能力自主建造航母？"

王登平笑着反问道："我们这次出去的 169 舰编队就是中国造的，'神七'飞船也成功上天了，我们的国防工业水平如何，由此总可以窥见一斑吧？"记者自然明白，169 舰编队，指的是远赴亚丁湾护航的中国海军编队。

<<<
船一隅

　　有意思的是，与南海热点形成鲜明对比的是，数天后，张德顺将军向传媒透露了一个很有节庆意味的消息：中国海军将于 2009 年 4 月 23 日在青岛举行多国舰艇海上阅兵式，美、英、俄、印等 20 多个国家也将派出舰艇出席庆典活动。

　　为什么挑选这个日子，他没说。但了解中国海军建军史的人都知道，60 年前的这一天，国民党海军第二舰队在少将司令林遵的率领下投诚，当天，中国人民解放军第一支海军部队——华东军区海军宣告成立，4 月 23 日因此被定为新中国海军建军的日子。遗憾的是，60 年过去了，中国至今还没有"海军节"，这在世界海军大国里是非常罕见的。

　　这次海上阅兵式的主题是"和谐海洋"。

　　张德顺将军说，庆祝活动的主要形式有海上阅兵和码头校阅。海上阅兵是世界海军的传统庆祝仪式。2005 年 6 月，为纪念特拉法尔海战 200 周年，近 40 个国家的上百艘船只在英国参加主题海上阅兵式。去年，韩国海军为庆祝建国建军 60 周年，也于当年 10 月在釜山港举行"国际观舰式"，中美均派舰参加。

　　"除了多国舰艇海上阅兵，还将举行多种活动。"他兴致勃勃地补充说，"有多国海军高层研讨，有舰艇专业交流、文化体育交流、海上舢板比赛，还有水兵舞会、甲板酒会等。"

稍后，海军司令部有关负责人也接受了新华社记者的采访。他说，以"和谐海洋"为主题举办这次活动，旨在加强海上安全合作，共创和谐海洋环境。它将为各参加国海军搭建一个增进交流和了解的平台，为各参加国海军领导人提供一个共商维护海洋安全的场合，为各参加国海军朋友创造一个了解中国、了解中国海军的机会。

他表示，中国海军愿与世界各国海军共同建设和平之海、友谊之海，真诚期待与各国海军增进了解、增进互信、增进友谊。

他最后强调，"求和平、谋发展、促合作"是当今世界潮流，世界各国海军作为国际性军种，在这一时代潮流中应当发挥更加重要的作用。今后，中国海军将以更加"开放、务实、合作"的精神，继续努力参与国际和地区海上军事安全合作。

从 2009 年 3 月 10 日离开新洲基地码头的那一刻起，中国渔政 311 船的动向就引起了南海周边国家尤其是越南、菲律宾和马来西亚的高度关注，西方报刊和智库人物也纷纷对此发表评论。

《日本经济新闻》发表文章称，中国此举旨在确保西沙群岛和南沙群岛的权益。

英国《泰晤士报》则认为，由于此前美国已在该地区部署了一艘驱逐舰，此举显然是对美国在该地区加强军事力量所作出的反应。

越南外交部发言人黎勇17日在记者会上表示，越南将对此予以密切关注，"任何在东海（即我南海）试图进行水产打捞和资源开发的行动都应遵守国际法，尊重有关国家的海洋主权和司法权限"。"所有开发海产及资源的活动，都应根据国际法包括1982年《联合国海洋法公约》在尊重有关各国主权和国家裁判权的基础上进行。"

在记者会上，他还重申了越南在黄沙群岛（即我西沙群岛）和长沙群岛（即我南沙群岛）主权问题上的立场。

占据中国南沙群岛五个岛礁的马来西亚，继前总理巴达维3月5日登陆弹丸礁和光星仔礁"宣示主权"后，4月27日，马来西亚海军司令阿都阿兹加法上将在接受《吉隆坡安全评论》采访时放言，如果发现中国渔政船"入侵"，将会用军舰驱逐。并称，马来西亚海军无论任何时候都会在马六甲海峡、南中国海、南沙岛礁、沙巴东海岸和苏拉威西海域部署一艘军舰以落实"存在舰队"（Fleet-in-being）战略。

菲律宾国内的反应显然更加强烈。

中国驻菲律宾大使馆发言人花烨，频繁接到菲律宾媒体的电话或短信，反复询问这是一艘什么船？目的是什么？

花烨一再强调，该船是一艘渔政船，而不是外界传闻中的"军舰"。渔政 311 船属中国渔政部门管理，开赴南海是执行例行的渔政管理任务，与军事无关。

尽管如此，菲律宾国家安全顾问诺韦尔托·冈萨雷斯仍于 15 日表示，他决定召开内阁安全紧急会议，商讨中国政府在抗议菲领海基线法颁布后采取的行动。"渔政船的部署是一种信号，我们不能忽视它，我们必须认真对待。"冈萨雷斯说："这应该提醒我们，即使是在这种对话和谅解的时代，有些国家总是会通过显示威力来威胁像我们这样被认为是弱小的国家。"并称，如果有必要，将向美国和东盟寻求帮助。

巴拉望省众议员米特拉认为，"这等于是侵略"，"他们企图通过实力和军事力量欺侮我们。"

另一名众议员古尔兹则告诫说，"南海长期以来一直被认为是一个潜在的燃爆点，各种问题交织在一起"，菲律宾要更加警觉。

众议院国防和安全委员会副主席比亚松宣称，中国的举动是朝着"侵略行为"迈出了更近的一步，菲律宾政府应该利用所有的外交渠道向中国的这一举动提出抗议。

个别将领甚至发表了"是否需要同中国发生战争"的耸人听闻的看法。

不过，也有一些官员和议员并不认同"中国威胁"的夸张说法。据《菲律宾每日问询者报》报道，菲众议院外交事务委员会主席库恩科对国家安全顾问冈萨雷斯的反应很不以为然，他讥讽道，这是"妄想狂"和"神经病"，建议冈萨雷斯"去休息放松一下"。

菲律宾参议员鲁道夫·比亚宗说，冈萨雷斯的反应明显"过激"，他认为中国渔政船巡航未必与菲律宾签署《领海基线法案》有直接的关联，他更愿意相信中方的行动只是因中美舰船在南海对峙而引起的。

菲律宾国会参议院议长胡安·庞塞·恩里莱也说："其实事情很简单。一艘美国测量船进入中国的专属经济区，中国需要宣示对那一区域的相关所有权。如果有人进入我们的专属经济区，我们也会同样宣示我们的权利。""他们有权让

<<<
渔政 303 船

他们的军舰穿过这片海域。就像美国、日本、英国和其他国家一样，中国是个军事大国，他们有装备。如果我们有装备，我们也可以这么做。"

"我希望该事件可以通过外交方式友好地化解。因为，毕竟我们是朋友，我们保持着外交关系。"恩里莱补充道。

作为外交上的正式反应，菲律宾新闻部长兼总统府新闻发言人雷蒙德发表声明说，在处理领土纠纷问题上，菲方将遵守2002年东盟各国与中国签署《南海各方行为宣言》，并敦促相关各方共同遵守这一宣言。

菲军方也竭力淡化渔政311船南海巡航的影响。菲律宾海军司令费迪南·戈莱斯出面反驳了国内近日出现的针对中国的指责，《菲律宾星报》16日援引他的话说，"中国渔政船前往南海，是任何对南沙群岛提出主权要求的国家的正常活动，菲律宾公众不应该对此感到忧虑"，并称中国是菲律宾盟友。

菲律宾国防部长特奥多洛则表示，尽管菲律宾不会因为中国舰船巡航而"被吓倒"，但他认为此事还是应该通过外交手段加以解决。

风起于青萍之末。在此，我们有必要回顾一下菲律宾

《领海基线法案》出台的始末。

　　1月28日，菲律宾参议院通过2699号法案，即《菲律宾群岛领海基线议案》，将南沙群岛中的部分岛屿和黄岩岛划为菲律宾领土；仅仅几天后，2月3日，菲律宾众议院通过3216号法案，即"菲律宾群岛领海基线确定案"，将上述两处岛屿划入菲律宾领海基线。

　　上述两个法案，都是企图通过立法手段确认对"卡拉延群岛"和黄岩岛的主权。所谓"卡拉延群岛"，是指菲律宾20世纪七八十年代侵占中国南沙群岛并实际控制的马欢岛、南钥岛、中业岛、西月岛、北子岛、费信岛、草沙洲和司令礁等8个岛礁，它们位于菲律宾巴拉望省以西230海里左右，总面积约79公顷。黄岩岛是我国中沙群岛东部边缘岛屿，北距广州600海里，西距菲律宾苏比克湾123海里左右。

　　根据联合国海洋法规定，领海基线内的海域为"内水"，受主权国国内法管辖；而仅仅声明岛屿为本国领土，则岛屿和本土间的海域除规定的领海范围外仍为公海，其他国家仍可自由通行、作业。照此，菲律宾参众两院的两种划法概念大相径庭，前一种划法，几处岛屿和菲律宾群岛间大部分海域仍是公海，而后一种划法则等于把两者之间的广阔海域都划进了菲律宾版图。

显然，在两个法案之间，菲律宾参议院的身段比众议院的要柔软些。菲律宾国内有人批评说，参议院之所以通过这样的法案，是迫于中国政府的外交压力。其实，两个法案的差异，恰恰反映了菲律宾国内在海岸基线问题上存在着不同看法。

菲律宾外交部海事委员会秘书长亨利·本苏托表示，众议院"3216号法案"将至少6个不属于菲律宾的领海基点划在菲海岸基线内，这是国际法所不能认可的。因此菲律宾外交部更倾向于采取"岛屿制度"来处理争议南沙部分岛礁和黄岩岛问题。

有分析家认为，菲律宾不论国力、财力还是海空军实力都和中国相差甚远，如果直接把争议岛礁的基线划走，等于宣布要剥夺中国和其他周边国家在小半个南海海域的自由行动权，引起强烈反弹几无悬念，双边关系势必受到严重影响。不仅如此，由于基线划到两处岛屿，小半个南海成了"内水"，而孱弱的菲律宾海空军根本无力对之实行有效控制，届时其他国家海军甚至渔船只消在这些被其理解为公海的海域做一些"例行作业"，便足以令菲律宾朝野陷入尴尬。

经过菲律宾参议院和众议院二十多天的激烈讨论，2月17日，菲律宾国会正式通过《领海基线法案》。该法案将中国的黄岩岛和南沙群岛部分岛礁划为菲律宾领土。从菲律宾国会通过的《领海基线法案》的内容看，最终采纳的是参议院的2699号法案，而将势必惹来极大麻烦的3216号法案束之高阁。

菲总统府文官长埃尔米塔3月11日在新闻吹风会上宣布，尽管中国抗议并坚称对南沙群岛拥有主权，但阿罗约还是于前一天签署了第9522号共和国法案，即《菲律宾领海基线法》。他告诉媒体，《领海基线法》并未特别宣称斯普拉特利群岛（指南沙群岛）和斯卡伯勒浅滩（指黄岩岛）归属菲，因为菲对这两个岛屿的主权主张"已经在现存法律中得到体现"，"不需要再在新签署的法案中得到体现了"。

埃尔米塔声称，该法案的通过符合《联合国海洋法公约》的规定，并且"新的法律并不是要扩张领土，只是要对领海基线进行技术上的调整"。

菲总统府下属的海洋事务委员会秘书长亨利·本索托也辩称，菲以直线方式来划定其领海基线，虽然南沙群岛不包括在其基线内，但它可以采用菲律宾控制下的"群岛制度"，就像美国的夏威夷——尽管夏威夷不在美国的领海基线内，却仍是

<<<
302 渔政船

美国领土的一部分。

对于菲律宾的一连串动作，中国外交部及时作出了国人耳熟能详的回应。

2月18日下午，外交部副部长王光亚紧急召见菲律宾驻华临时代办巴伯，对菲律宾政府不顾中方严重关切和多次交涉，执意通过侵犯中国主权的法案表示强烈不满和严正抗议。王光亚强调，中方希望菲方以两国关系大局和两国人民利益为重，以南海地区的和平与稳定为重，采取切实有效措施，停止一切侵犯中国主权的行为，以实际行动维护南海稳定，确保两国关系健康发展。中国外交部再次重申：任何其他国家对黄岩岛和南沙群岛的岛屿提出领土主权要求，都是非法的，无效的。

2009年3月11日下午，中国驻菲律宾大使馆发表声明，对阿罗约签署《领海基线法案》表示强烈反对和严正抗议，并再次重申，黄岩岛和南沙群岛历来都是中国领土的一部分，中华人民共和国对这些岛屿及其附近海域拥有无可争辩的主权。任何其他国家对黄岩岛和南沙群岛的岛屿提出领土主权要求，都是非法的，也是无效的。

附录：张君然《1945—1948 收复南海诸岛主权亲历》(节录)

广东省政府为研究和开发南海诸岛做了许多工作，还设立广东省西、南沙群岛岛志编纂委员会，我也被聘为委员，参加工作。

我们在广州接到海军总司令部命令，进驻舰队留广州，由姚汝钰负责就近处理两群岛事宜，并筹组海军珊瑚岛电台，准备于春季补给时进驻该岛。

1947 年 1 月 16 日，一架法国飞机飞临永兴岛上空侦察。18 日上午，法舰东京人号驶抵永兴岛，派官兵登陆要求我驻守人员撤退。李必珍台长当即严词拒绝，并斥令法军立即退走，全岛随即进入紧急备战状态。法军离岛后，法舰仍停泊在永兴岛海面，逾 24 小时才撤离。

后据巴黎外电报道说，法军自永兴岛撤走后，随即驶往珊瑚岛登陆。对此次法军进犯西沙事件，海军总司令部于 1 月 18 日电令李台长坚守国土，妥为应付，并命令进驻舰队准备支援。当时外交部和国防部曾分别向法国提出质询和抗议，以及谴责法军侵犯我领土的行为。

　　1947年4月14日，我又随姚汝钰带领永兴与中业两舰由广州出发，经榆林港驶往永兴岛。除进行半年一次补给，与按计划筹备进驻珊瑚岛外，还根据国际气象组织的建议，在岛上开展气象观测工作，建立航标灯塔，以及进行自然和资源调查。所以此行随舰人员有中央研究院植物研究所、青岛海洋研究所、经济部地质调查所、资源委员会矿测处等单位的专家，以及中山大学地理系和生物系师生。此外，海军司令部还派电工处长曹仲渊偕同印尼归侨周苗福，以及前湖南省主席吴奇伟一行，前往西沙考察，准备为开发该群岛作出建议。进驻指挥部还请铁道部琼崖铁路工程处长吴迁玮派土建人员到永兴岛，帮助修建码头和栈桥。此任务颇为繁重，但是，由于准备充分，都能一一顺利进行。

　　5月8日指挥部再率永兴、中业舰离广州，驶往太平岛，进行补给供应和一系列考察工作。随行的尚有上海大公报驻广州记者黄克夫。此行因受天气影响直到6月3日才返回广州。在补给南沙期间，我们接到海军总司令部5月16日命令：遵照行政院命令，海军暂行代管各群岛的行政工作，相应设置海军各群岛管理处，并派张君然为西沙群岛管理处主任；在广州设置海军黄埔巡防处，派姚汝钰为处长。故当舰队回防广州之后，进驻任务就算结束，此项工作前后历时 8 个月。

我任海军西沙群岛管理处主任后，便推荐海总训练处参谋彭运生为南沙群岛管理处主任。在暂留广州期间，我曾会同广东省有关人员对南海诸岛资料进行一次研究。6 月 11 日至 15 日，广东省政府还在广州文庙举办一次西、南沙群岛物产展览会，公开展出各种实物、标本、照片、图表以及历史文物等珍贵资料，曾引起各界人士的重视，参观者达 30 余万人次。我根据搜集和调查到的资料，结合各岛的实况，曾拟定一个海军管理和开发西沙群岛的意见书，其主要内容为：修建各岛的港湾码头，发展各岛海上交通；开发磷矿和水产资源；加强气象和航标工作等。但这一意见在当时因限于条件未被采纳，连华侨投资的计划也未得到支持。

1948 年 3 月，我与彭运生率两岛全部换防人员乘中海舰从上海出发，经高雄、广州、榆林港南下，先送彭到太平岛上任，然后到永兴岛换防，从此海军管理西、南沙群岛的工作开始一个新阶段。按当时的核定编制，群岛管理处以下设办公室、气象组和电讯组，各专业技术军官和士兵 128 名。除驻守国土外，气象观测为中心任务，永兴岛气象台规定每两小时作地面观测和记录一次，按时播发，并电报海军总部；此外还定时抄收东京、上海、香港等气象台汇总的观测资料；每天绘制0200和1400时的东亚区域天气图，并试作小区天气预报，公开广播。此项工作在国际航运气象方面曾起过一些好的作用。

我在驻岛期间，为了纪念1946年以来海军收复和经营西沙群岛的工作，曾刻制一座"海军收复西沙群岛记事碑"，叙述收复和经营经过，并列有参加工作人员的题名录。全碑为铝合金铸成，镶在水泥底座上，又重竖"海军收复西沙群岛纪念碑"，碑正面刻"南海屏藩"四个大字，旁署"中华民国三十五年十一月二十四日张君然立"。此碑至今仍屹立在永兴岛上，成为我国神圣领土西沙群岛上一座历史证物。

保岛保家

绝　密

1994 年 8 月的一天，南海区渔政局局长刘国钧接到一个异乎寻常的北京来电。电话是国家农业部渔业局局长卓友瞻亲自拨来的，这与由上而下的指示、指令，或由下而上的请示、汇报一样，与上级主管领导间的通话，互动，自然不是十分特别的事。这个电话的异乎寻常是卓友瞻局长十分郑重地交代：直接到农业部，由部领导谈话说事，布置任务。这是以往未曾有过的。究竟是什么任务这样隆重，不由渔业局下达，而要亲自到农业部面授？刘国钧想试探性地套个谱，卓友瞻截然说：绝密。就你一人来。

从广州白云机场起飞时，一路的皱眉深思持续到首都机场，刚下飞机就立刻被部里派来的专车接走，一路急驰，到农业部大门的时候，刘国钧突然从心里蹦出两个字：南沙！这两个在心里摩挲了千转百回的字眼，陡然让他血脉贲张，犹如一个老兵听到了战场号角的召唤。

农业部副部长张延喜的办公室，宽敞而简朴。英武魁梧、长脸剑眉的张延喜微笑着与风尘仆仆的刘国钧握手，转身把门轻轻地带上，再轻轻地反锁了。两人一起走到沙发落座。在长条沙发上落座的还有农业部渔业局局长卓友瞻。

没有太多的寒暄，张延喜目光缓缓地扫过刘国钧和卓友瞻的脸，神情庄重地宣布：今天会议的内容不能记录，不能传达，南海区局仅限于刘国钧你一个人知道。

气氛凝重得仿佛让人喘不过气。刘国钧不由得挺直了腰板。

稍稍停顿，张延喜便直奔主题，说明会议主旨：为突出我国在南沙的实际存在，上级已作出决定，在南沙群岛美济礁建设渔船避风设施。要求南海区渔政局与有关部门的船舶一起，组成编队，共赴南沙。这是一个重大的政治任务，南海区局必须无条件执行。

直接点刘国钧的将，显然，领导对他十分了解。知道他对南沙海域错综复杂的形势了如指掌，知道他的南沙情结、立场和意愿。因而，未做冗长的背景分析、动员铺垫，而是直截了当、简洁明快地宣示了行动部署，以面授机宜的方式，交代了任务和要求。

终于等到了这一天。仿佛等待这个命令已等待了很久很久，刘国钧激动得内心颤抖，一时说不出话来。

<<<
也有惊喜

办公室静默了几分钟。

南沙群岛自古以来就是中国的领土，在漫长的历史岁月中，是我国人民最早发现，最早开发经营，最早进行管辖和行使主权。中国对南沙群岛拥有主权无可争辩。但是从20世纪60年代特别是70年代以来，海洋权益受到周边国家的严重侵犯，岛礁被侵占，海域被分割，资源被掠夺。南沙群岛及其海域的形势十分严峻。自他履任南海区渔政局局长，南沙海域那浩瀚的蓝色波涛就时时翻滚在胸中，那是他心中难以梦寐的忧，难以言说的痛。

卓友瞻打破了短暂的静默："美济礁建设渔船避风设施是一项功在当代，利在千秋的事业，它的战略意义，怎么强调都不过分。这也是我们渔政人立功报国的难逢机遇。相信南海区渔政局一定能亮剑南沙，圆满地完成这项工作。"

"进驻岛礁"、"突出我在南沙的实际存在"，刘国钧细细地咀嚼这些关键词。在他的感觉中，这可以说是一次国家行动，以"实际存在"的有力楔入，强有力地宣示蓝色海权的不容置疑。自己行将参与和承担的，是把五星红旗插到那座礁盘上并守护她永远飘扬在蓝色的海风中。这样的任务，在他以往的政治、军事生涯中是未曾有过的。

作为一个有30年军龄的转业军官，赶上这梦寐以求的机会，感觉十分幸运，又自觉义不容辞。此时，便有了一种剑鸣匣中的跃然冲动。

然而，开口言说时，刘国钧已是十分平静。静气是一种底蕴。他已充分理解了南沙行动的深层意义和彰显的长远利益。他自信地表示："在南沙美济礁执行建设和守卫任务，我渔政人员是有把握的。"

说得轻描淡写。其实，他很清楚。此去，深入的是一个神秘莫测的战场，多少艰险，多少艰巨，多少艰辛将在前头铺开，且不说可能遭遇的暴风巨浪、蓝色陷阱、甚至兵厄战危，就是粗粗一想，眼下的困难也是一大箩。

比如说，任务已经下达了，但经费呢？没说。红头文件呢？也没有。一艘渔政船动一动，就是几十万上百万元的费用，以后如何维持这支队伍的开支？由于要保密，不下文件，不准记录，那该如何传达？如何统一班子思想？如何协调全局各部门的工作？所谓大军未动，粮草先行，可现在不但粮草毫无着落，连找个人商量也不行。

单独领取绝密任务，南海区渔政局只让他一个人知道，这场独角戏该怎么唱？这时的他，其实心里也没底。

<<<
富饶的南海

　　任务如此艰巨，如何动员船员服从组织需要，义无反顾地去履行自己的职责，这也是一道难题。南沙远离大陆，大家对那里的情况一无所知，去了以后干什么，要在那里呆多久，也都没交待清楚。

　　船员们都没有去过南沙，安全问题如何保障？要知道这些渔政人员一直以来都是在近海执行任务，一下子派他们去远海，去南沙，会不会军心不稳，甚至闹出些意想不到的岔子来？也不是没有这种可能。根据他的了解，有段时间，渔政大队奉命参加海上缉私，当时规定可根据缴获分成，出海船员收入颇丰，有些人花钱便大手大脚，看起来就像个公子哥儿。

　　但他什么都没说。诉苦说难讨价还价不是他的风格。仿佛生怕陈述这些困难，会被取消首航资格似的。况且，比起把国旗插到礁盘上"铸造实际存在"的迫切，这些困难又算得了什么呢？

　　沧海横流，方显英雄本色。困难自己扛着。

　　"虽说大家都没去过南沙，但毕竟都是在海上打滚的，指挥联络、人员配备、航海经验等方面，问题应该不大。当然，困难也不会少，但我们能想办法克服。"依然轻描淡写，眼神里却透着坚定的光芒，"请领导放心，我会尽最大的努力，保证完成任务"。

"就这样吧。"张延喜向卓友瞻点点头说,"我想,南海区局是可信赖的。"

张延喜站起来,向刘国钧伸出了手:"师出南沙,等着你们的捷报。"

中国渔政走向南沙,担当起捍卫国家主权,维护国家海洋权益的神圣使命,就是从这天起,迈出了历史性的第一步。

从这一天开始,南沙海域将多了一个灯塔般的"实际存在",一个五星红旗在海空飘扬的"实际存在",一个比万千语言更有力的"实际存在",一个任 12 级飓风也刮不去的"实际存在"。这个"实际存在"意味着什么,象征着什么,是不言而喻的。

忧渔,忧海,忧国

"我感到最揪心的就是南沙渔业的问题。"这是刘国钧常说的一句话。

1993 年国家取消了计划内柴油供应,由于用不起高价柴油,加上周边国家加大了抓扣我渔船的力度,南海三省

<<<
丰收的渔获

（区）——广东、广西、海南——赴南沙生产的渔船从 1992 年的 400 艘骤减至 1993 年的 200 余艘，南沙渔业陷入困境。

以"老军人，新渔政"的独特视角解读南沙开发，便有了更深邃的理解和宏阔的观察。南沙渔船骤减，渔业衰退，其折射的一个症结，是主权管辖力的削弱。政府相关部门从政策上倾斜和支持，加强海上秩序维护的力量，创造生产安全的环境，激励和调动更多渔船深入南沙，激活南沙，是不容忽视、不容推托的应对正道。

有什么比这种"实际存在"更有力量？对具有战略意义的南沙渔业生产，刘国钧自觉要求：渔政必须有所思，有所为；有主动的承担，有辽阔的进取。

自从 1993 年 4 月上任南海区渔政局局长以来，针对南沙群岛"岛礁被侵占，海域被瓜分，资源被掠夺，渔民被抓扣"的严峻形势，他进行了深入的调研和思考，并于 1993 年年底提出用三年时间打开南沙渔业生产管理新局面的思路。

首先，他通过各种渠道争取给赴南沙生产的渔民予以支持。

渠道归渠道，要想人家网开一面却不是那么容易。这不，当场就吃了个软钉子。现在是市场经济时代，南沙打鱼再重要，也得按经济规律办事。有钱赚，自然有人去；没钱赚，自然没人去。而且你也知道，南沙那地方敏感得很，我们的渔民动不动就遭人抢劫、抓扣、炮击，一有事情发生，哪件不是惊动外交部的"涉外事件"？与其忙着四处交涉，不如静观其变，待南沙局势平静了再作打算。

刘国钧勃然大怒，也不管场合，放开嗓门就说，南沙渔业生产不是经济行为，是国家行为。什么叫"主权属我"？连渔民都不敢到那里打鱼了，还"主权"个屁。渔民跟我说，不是他们不愿意下南沙，也不是不敢下南沙，只是现在的柴油太贵了，负担不起。恢复南沙渔业生产，一要有政府支持，二要有国家作后盾。光是一个渔民不怕死，政府干啥吃的？

也有人从旁规劝，南沙渔业生产的意义大家都明白，只是政策不好把握啊。人家正拿"中国威胁论"说话，我们何必授人以柄？等我们国家强大了，还怕他们不乖乖地把南沙送回来？

刘国钧觉得很滑稽，当场就顶回去，国家现在还没强大到可以威胁别人的地步，我们拿什么去威胁别人？人家一说"威胁论"，我们就捡起帽子往自己头上戴，有这个必要吗？还是多关心点我们的南沙渔业吧。

认定了的事情九头牛也拉不回头，刘国钧就是这个秉性。

通过不断的汇报、陈情、呼吁、游说，停顿多年的南沙渔业生产终于得到恢复。

这个过程，很艰辛。

他认为，南海区渔政局作为一个中央派出机构，就应该做地方渔政部门无法做到的事情，做他们想做而做不到的事情。于是，他一方面上京向有关部门汇报，积极争取国家对发展南沙渔业生产管理的重视和扶持；另一方面深入三省（区）基层，大张旗鼓地进行南沙生产宣传，给渔民打气，动员有条件的单位和渔船到南沙生产。经过不懈的努力，在逆境中的南沙渔业生产开始出现好的苗头。

1994 年 4 月 20 日，经上级批准，他委派局长助理吴壮率领中国渔政 31 船首航南沙。吴壮不辱使命，在 21 天的时间里，巡海 6 万平方海里，航程 3398 海里，到达北纬 4 度 10 分，东经 108 度 49 分，跨越 19 个纬度。考察、调研了南沙各个主要渔场、岛礁，获得大量一手资料。这是中国首次派遣渔政船实施南沙群岛巡航管理，填补了国内在南沙进行渔政管理的空白，开辟了中国渔政事业的新篇章，为以后执行南沙守礁与渔政管理打下了一个坚实的基础。

当吴壮把一本沉甸甸的调研材料放在刘国钧办公桌上时，南中国海一个个严峻的问题跃然纸上，刘国钧看完后，黯然在笔记本写下了他对南沙现状的"三忧"：

一忧我的海洋国土面积事实上在不断缩小。南海总面积300多万平方公里。按照国际海洋法公约的有关规定，属于我国领海主权和管辖的海域面积有200多万平方公里。

近30年来，南海周边国家非法划入其版图的面积约80万平方公里，就是说，南海五分之二的海域被他国强行划走，而且逐年增加，以南沙为例，南沙群岛主权属我，有大量的史料和法理依据，在50年代之前也是世界、包括周边国家所公认的。

然而，从60年代开始，随着世人对海洋重要性认识的深化，周边国家先后抢占了我45个岛礁，有几个还是近几年抢占的，其中，越南30个，菲律宾10个，马来西亚5个，造成海域被分割得七零八落、支离破碎的严重态势，不仅如此，菲律宾还对我中沙群岛虎视眈眈，譬如我们的黄岩岛。由于海域被他国强占，资源也就被强行掠夺。

而我们的渔民在南沙生产，更遭受他们肆意抓扣，视如草

<<<
在南海作业的渔民

芥。这样的环境，这样的现实，那些跷脚安坐空调办公室的官员，还大言不惭絮絮叨叨奢谈什么"市场经济的选择和淘汰"，不脸红么！

二忧对如何遏制海洋国土继续缩小的问题尚无明确的思路和有力的对策。这些年的斗争实践表明，周边国家对南海并未满足于他们已经取得的利益，还在谋求更大的利益；斗争实践还表明，往往是我让他进，我忍他攻，并已经形成联合对我之势。

我们提出"主权属我"，但周边国家在南沙占领我 40 多个岛礁，而我海峡两岸仅进驻 7 个岛礁，周边占领的是我岛礁的 5 倍多，这怎样去体现"主权属我"呢？

我们提出"共同开发"，周边国家每年在南沙开采几千万吨石油，我们没法去制止他们，而我们在南沙进行石油勘探却遭到周边国家的暴力阻挠和破坏而搁浅，至今我们还没在南沙挖出一滴油。所以，当前的情况是"只允许他们开发，而不允许我们开发"，这又如何体现"共同开发"呢？眼睁睁地看着他国占岛礁、抢资源、抓渔船，我们无可奈何，怎么能不痛心、不忧虑呢？

三忧全民的海洋国土意识和海权思想淡薄。这是愁中之愁，忧中之忧。回顾中华民族五千年的文明史，我们的民族也曾经创造了称雄海洋1000多年的世界纪录。但令人遗憾的是，进入16世纪之后，古老的中华民族开始闭关锁国，逐步失去了海洋意识与海权思想，眼睛只盯着960万平方公里的陆地国土，而看不到辽阔的大海，更忽视了浩瀚的大洋。

1840年鸦片战争至1949年，世界列强从海上入侵中国的战争共达84次，中国被迫签订的不平等条约有1182个，这些不平等条约的签订，绝大多数是世界列强从海上打进来的。这一段历史表明，中国近代海军的失败、中国近代史的失败，都失之于海权、败之于海权。历史的经验表明，得海权者兴，失海权者亡；得海洋者盛，失海洋者衰。

上述文字完全摘自刘国钧的《西中南沙巡航日记》。忧渔，忧海，忧国。不但情思汹涌，而且处处显着逻辑的力量和理性的光辉。

化不开的南沙情结、海洋情结，清醒的忧患意识和大局意识，使刘国钧的眼界和境界有了更辽阔的延伸和超越，他从渔政出发，而不只是局囿于渔政。他从更大的格局中，考察和思索渔政背后折射出海洋主权意识的淡薄。他痛心疾首，蓝色国

<<<
渔政人员在南海与渔民交流

土伸张的乏力。对海权的守护，他葆有非一般的忠诚、执著和自觉。他努力创造各种机会，不遗余力地为之鼓与呼。

早在中国渔政首航南沙前的几个月，1993 年 12 月，南海区渔政局就专门在湛江市组织召开北部湾、南沙渔业涉外管理工作座谈会，邀请上级有关部门派员到会指导。

首航南沙之后，南海区渔政局召开新闻发布会，组织大量媒体报道南沙，大造舆论，引起社会各界和国家有关部门的重视。凡此种种，就是为了让人们不要漠视，不要遗忘那数千里之外的蓝色国土。

进驻南沙岛礁，一直是刘国钧做梦都想着的事。现在受命首航美济礁，真有点"剑外忽传收蓟北"的"喜欲狂"了。这是一次实实在在的体现我国在南沙主权存在的行动，他能不在内心三呼万岁吗，能不全力以赴吗？

从北京回到广州，首航美济礁就成为南海区局工作的中心。刘国钧亲自抓。"秘密"他一个人扛着，他也只能亲自抓。东挪西借，筹集经费，积备"粮草"，点将征兵，自是一番紧锣密鼓的谋划运筹。

首航美济礁船只，他选定：中国渔政 31 船。

那是南海区渔政局的"王牌"船。

首航美济礁海上指挥员，他选定：陈为春。

检查大队队长陈为春，南海区渔政局一名攻守兼备的虎将。

自然，行伍出身的刘国钧也很清楚，除了驱前的一众将士，还得有一员大将坐镇基地。前方后方一盘棋。后方不稳，便会自乱阵脚。经过再三衡量，他想到了郭锦富。

郭锦富，广东省珠海人，"疍家"的后代。"疍家"是个很特殊的群体。他们以舟楫为家，舟小如疍，故称"疍家"。珠海沿海大体有三类"疍家"，一是以采蚝捕鱼为生的"蚝疍"，二是以采珠为主要收入的"珠疍"，三是以捕鱼为生的"渔疍"。郭锦富家是以捕鱼为生的"渔疍"，全家6个兄弟姐妹，除了他有幸降生于陆地，其他的都诞生在"连家船"上。

"疍家"上岸，始于20世纪70年代。在周恩来总理的亲切关怀和亲自过问下，世代以"讨海"为生的"疍家人"，才彻底告别了以船为家的历史，才有了在岸上居住和行走的权利。每说起这段经历，郭锦富都难以抑制内心的感动。他说，没有周总理，没有共产党，就没有我郭锦富的今天。

高中毕业后，郭锦富回到渔业大队挣工分，帮补家用。在渔船上，他没有虚度光阴，一边打鱼一边自学，他深信知识可

<<<
南沙群岛的瞭望哨（一）

以改变命运。果然，生命中重要的转折来了，1977 年国家招考大学生，年仅 18 岁的郭锦富考上了湛江水产学院，他选择了渔业捕捞专业。

大学毕业后，郭锦富分配到南海区渔政局船队，从渔政员到教导员，从渔政处长到人事处长，他都保持着为人内敛、处事稳重的风格。难得开玩笑的他，曾戏称自己的人生是"带着鱼腥味的人生"。他不但有丰富的基层工作经验，而且善于处理复杂的人际关系，看来，这名坐镇基地的大将是非他莫属了。

郭锦富不辱使命。

出任检查大队政委后，郭锦富先就一头扎进船员中去。检查大队的船员大部分别来自三个方面：一是从南海渔业公司调过来的职工；二是部队退伍军人；三是在沿海渔村招来的渔民子弟。虽说是五湖四海，三山五岳，其实都是一些老关系。相处这么多年了，彼此都熟悉，他的为人、品质、能力，群众也都很清楚。在人事处那么多年，他于公于私不知道帮了多少船员的忙，帮忙转户口、小孩入学、家属工作安排等。就凭着这层关系，船员还得给个薄面。一个月下来，他走遍了检查大队一百多号人的家庭。一轮家访之后，挑选人员便心中有数了。

被圈定的 34 名船员，无论是从思想素质还是技术配备上来说，应该都是最佳组合。

备航工作千头万绪。除了人员配备，物资的准备、淡水的储存、机器的修理、零件的购置，事无巨细，他都要一一过问。当然，这些工作都是在保密的状态下进行的。

集结号："老乡，遗书写好了吗?"

中国渔政 31 船缓缓驶入湛江港。

检查大队队长陈为春站在驾驶室里，看樯桅连云，感受海阔天空，蓦然涌起一股豪情，瘦小的身躯挺得笔直，精神抖擞。

昨天的启航仪式，依然在眼前闪现；刘国钧局长的动员令，依然在耳际回旋："同志们，国家选择南沙一个地点建设渔民避风设施，你们的任务是配合施工部门搞好前期工程建设。这个工程具有重要的政治和经济意义，你们要以高度的政治热情和历史责任感，以为国家和人民多作贡献的精神来完成好这个任务，大家要讲团结、守纪律、作奉献，共产党员要发挥先锋模范作用，党支部要发挥战斗堡垒作用，坚决完成好这

<<<
南沙群岛的瞭望哨（二）

次任务。"

刘国钧双手抱拳，深深一揖，殷切之情溢于言表："拜托你们了，31船的全体同志们，祖国拜托你们，南海区数百万渔民兄弟拜托你们了!"

真诚的托负。在南海区局众多处级领导当中，刘国钧圈定陈为春担任此役的海上指挥员，同样是经过深思熟虑的。

从海军某基地副师长转业的陈为春，以处理复杂的航海工程见长，在基地里素有"航海专家"之称。对南沙情况非常熟悉，曾经协助过海军南沙群岛的工程建设项目，为南沙事业作出关键性的贡献。深厚的专业底蕴和军旅生涯的阅历，练就了陈为春的大将风度。他是一个开拓型的干部，大智大勇，很适合在海上冲锋陷阵，开疆辟壤。

31船暂泊湛江某港口待命。

湛江市，旧称广州湾，位于中国大陆最南端。扼雷州半岛通粤北与粤中之咽喉，有天然深水港，海路能通广州和海南，陆路接南渡琼州海峡的渡口海安，有公路西连广西北海，是为交通枢纽和战略要地，有海军南海舰队驻扎。

两千年前，我国有文字记载的最早对外贸易航线"海上丝绸之路"的始发港徐闻港就在湛江市境内。19世纪下半叶的中法战争后，清廷把它交给法国人作为通商口岸。湛江记录着中国人的耻辱，也书写过中国人的光荣，在赤坎和西营之间，当地百姓喊着"一寸国土一寸金"的口号，与进占的法军展开殊死血战，一座洒满爱国热血的小石桥被后人命名为"寸金桥"。

中国渔政31船就锚泊在距离寸金桥公园几公里外的一个港口。

几天后，中国渔政31船抛锚的港口，两辆车一前一后在码头边前停了下来，车上走下五六个人来。从前车下来的两个人动作敏捷地分散开来，站在码头的转弯处，像警戒的样子，后面那辆车的人下来后，站在码头边看了31船好一会，才跟船上的人打招呼，走进船舱。

这群人有的穿便服，有的穿西服，没有太多的寒暄，检查完船上的准备工作，便召集陈为春、船长陈水清、指导员李德民、渔政员冯明毅单独开会，交待任务：第一，进礁时，注意观察周围的情况，对在礁盘上作业的渔船进行清场，为编队进礁作好准备；第二，施工期间，担任警戒任务，负责拦截接近礁盘的外国船只和可疑船只，发现特殊情况要及时报告；第三，负责处理涉外事件，有外国舰船靠近礁盘，或外国船只、

<<<
南沙落日

人员到施工地点修理或就医，由中国渔政 31 船按规定处理，并保证船上领导在场；第四，做好安全和反侦察工作。最后强调：编队到达美济礁后，对经过附近海面的船只进行登记，重大问题要及时报告。对靠近警戒线的外国非武装船只可进行拦阻、警告，劝其离开。

按照编队指挥部的要求，中国渔政 31 船组织全体人员再次对船舶设备进行检查、保养和维修，确保各项设备处于良好状态，又补给了部分食物，做好出发前的最后准备。同时，船上成立了南沙建礁工作特别党支部，选出 7 名支委，陈为春为支部书记，李德民为副书记。

这时，36 号台风还在湛江港逞着余威，风一个劲儿刮，雨一个劲儿下。大风挟着海水不断击打码头边的水泥桩，溅起雪白的浪花。码头通道两边的钢管扶手，在巨风的吹袭下呜呜作响。

水手黄汉全在后甲板冒着风雨默默地把缆绳放松一节，他上午值班时与编队另一艘船的人聊了一会儿天，郁闷的信息让他的心情一直无法舒展开来，那人很随意地问他："老乡，明天要出海了，你的遗书写好了吗？"他一脸狐疑地看着那位弟兄，回答说："有那么严重吗？"那人很吃惊："你还不知道？

我们船上的人可都写了。"

黄汉全离开广州时听说过这次出航任务比较特殊，有风险，他以为是航程比较远，海况比较复杂而已，自己跑到海图室去估量了一下广州到美济礁的距离，还偷偷地把美济礁的海图仔细看了一番。

真的危险到要写遗书的地步吗？黄汉全将信将疑。也不知道信息是真是假，黄汉全憋在心里不吱声，但一想到对方那一脸严肃的样子，心里又忍不住打鼓。黄汉全1994年初从水产学校毕业分配到船上当水手，到船上不到一年，执行的都是近海任务，最远也就是去到海南岛，船锚泊时还可以上岸去逛街，在他的脑海中，海上生活虽然艰苦，却也蛮有浪漫色彩，可从来没想过在出海前还要写遗书。

到了晚上，黄汉全终于忍不住了，找来轮机员陈贞国，一个与他一起从水产学校里毕业的潮汕老乡。两个同龄人在一起，什么话都可以说。

"你知道隔壁船的人都写了遗书了吗？"

"今天吃饭的时候，有几个大人在议论。"陈贞国语速缓慢，与他的实际年龄很不相称，他是1976年出生的，刚满18岁，"也许，他们是用遗书来表决心吧"。

<<<
南沙礁盘年轻士兵

"但愿是这样吧。"

18岁的青春，应是无忧无虑的欢乐，这种可能遭遇生命危险的历程来得早了点，他们难免有点忐忑，有点惶恐。也正因为年轻，即使心里打鼓，也不愿露怯，不愿在人生刚迈步时掉链子。几分钟的静默后。他们各自回到自己的房间打扫好卫生，固定好物品，准备明天跟着这一帮大人们远赴美济礁。

1994年12月26日，编队各船集结完毕。

阵风猎猎，把船顶的国旗扯得直直的，或许，旗帜的力量总在风中展现。

陈为春再一次梳理31船首航美济礁的任务：驱赶在礁盘边作业的渔船。为编队进礁开路警戒。检查、拦截靠近礁盘的外国船只……这近似于扛先锋旗了，至少，也是突前的一翼。倘若真的有冲突，便是最先卷入漩涡的那一支。他真正明白到什么叫任重道远。他面对的不只是南海的波涛与风浪，还有许多未知，许多莫测的幻变。这种荷重的苦与忧只能深埋心底，他必须以平静的微笑带领队伍，必须以昂然之姿面对海洋。虽然，他的个子是那么消瘦而单薄。

"呜——呜——呜！"巨大的汽笛声此起彼落，互相呼应。11时，编队各式船舶分别起锚，开往南沙美济礁。

36 号台风的余威还在北部湾肆虐，海上东北风 6～7 级，阵风 8 级。海面上掀起的大浪像小山头一样猛烈地撞击船身，发出令人毛骨悚然的巨响。1992 年出厂的中国渔政 31 船，总吨位 1000 吨，最高航速 18 节，拥有雷达、GPS 全球卫星定位系统、电子海图等先进设备，是当时号称全国最先进的渔政船之一。然而，在黑暗的大海中，它不过是一片飘零的树叶，就像崇山峻岭上的一个人影，是那样的渺小和无助。

　　左右摇摆的角度在 30 度以上，船舱里的东西都经过了加固，水手只有使劲抓住驾控台的把手才勉强站得住。只要没轮上值班的，都静静地躺在床上。吃什么吐什么。一口水刚下去，船一晃又吐了出来。肚子吐空了，就吐胆汁。整条船静悄悄的，没人说话，没人走动，静得可怕。只有海浪与金属碰撞发出的巨大响声，还有船体扭曲发出吓人的吱吱嘎嘎的声音，好像就将被拆散似的。

　　船上所有无法固定的物品都在叮叮当当地滚动。床铺上睡不了人，几个刚参加工作不久的年轻人搬到餐厅的地板上去睡，餐厅位于船的中间位置，比较稳。随着船的摇摆度增大，他们在地上滚来滚去，大家只好互相抱着对方，抵抗风浪的侵袭。

这一夜,这帮涉世未深的小伙子们终于闻到了死亡的气息。那延绵不尽轰轰袭来的狂涛,简直就是张大了口的蓝色坟墓,随时都可能将这些对未来充满了憧憬的年轻生命葬之海底。漆黑一团的船舱里,那时将留下多少遗憾,多少不甘啊。

船到了七洲,转向西沙方向航行,海上仍然狂风阵阵,船舶有时被推向浪尖,有时被推到波谷,连前方编队的船舶都看不见。

关于七洲,《郑和航海图》第 40 图有记载:"舟过此极险,稍贪东便是万里石塘。"船过七洲洋,"往回三牲酒粥祭孤"。

确实,真正凶险的海域刚刚驶入。

陈为春全神贯注地守在驾驶室里。

从海军到渔政,陈为春对南沙这条航线是颇下了些工夫去研究去熟悉的。行船走海,总不能懵懵然茫茫然,虽不能通天彻地,至少也要求个"知"字,心中有数。

七洲洋指七洲洋群岛,位于海南岛东北。唐代称为九州。自宋朝以来,七洲洋便是由泉州泛海到外国必经之地。七洲洋以凶险著称,因而史籍多有记载:"自古舟师云:去怕七洲回怕昆仑"。

1730 年《海国闻见录》上卷记载了一种神奇的鸟：七洲洋中有一种鸟类，状似海雁而小，喙尖而红，脚短而绿，尾带一箭，长二尺许，名曰箭鸟，船到洋中，飞而来示，与人为准。《顺风相送·定潮水消长时候》云：若见白鸟尾带箭，此系正针（正路）。

　　现代航海，可不敢靠那神奇的箭鸟导航了，可以心存敬畏，也不能只说"往回三牲酒粥祭孤"，祈祷了事。陈为春守在驾驶楼，就是为了不断监督，提醒各个岗位打起十二分精神，严格操作指引，凭借科学技术的"通天眼"，保证船只平安摆脱凶险。

　　不管多大的风浪，也不管晕船不晕船，轮机长阮森明和他的几个管轮蔡健汉、林奇生、朱清旺、伍胜波，都要下到机舱，在这个位于海平面以下温度高达 45 度，噪音超过 100 分贝的密闭舱室里，他们弯曲着腰，拿着手电筒一边呕吐一边检查发动机的工作情况。机舱是船舶的心脏，作为管理船舶心脏的轮机部责任重大，稍有不慎，就会出现问题，特别是在大风浪中航行的船舶，一出事故，随时都有致命之虞。

　　郑和七下西洋，没有现代科学保障，却能平安往返，古人的智慧可见一斑，那真是个伟大的航海家。郑和航海，宣示了

<<<
南沙岛礁

一个大国强国的影响力。或者，那时真是一个伟大的航海时代。

在南沙有许多以纪念郑和下西洋而命名的岛礁。如郑和群礁、景宏（郑和副使）岛、马欢（郑和译员）岛、巩珍（郑和幕僚）礁、费信（郑和助手）岛，等等。

现在，世界已被勘踏遍了，再也没有新地域可以发现、命名了。现在航海，再也难以收获发现和命名的惊喜了。但陈为春仍固执地抱有一个信念，对先人的开拓，我们不能忽视、漠视，我们要去守护，去牢牢地拥抱在怀里，把神圣的信念、意志和尊严灌注到礁盘上，印证统辖之鞭的真实抵达，这比任何个人的命名更重要。因而，陈为春满怀期待也满怀喜悦。

按照要求，31 船跟着前面的指挥船，白天航行时，指挥船的速度很慢，要经常减速来保持与它的规定距离，到夜里，指挥船速度又很快，31 船经常跟不上，距离会越拉越大，所以经常要启动两部主机来提高速度，这种操作在大风浪中航行是要尽量避免的。航海为确保安全通常是保持单机，即用一部主机推动，万一坏了还可以启动第二部来顶上。

凌晨 3 时 15 分，主机发生故障突然停车，失去动力的船舶在大海中随风漂流。

情况紧急，轮机部在阮森明的带领下全体人员投入抢修。

失去动力的渔政船，摇摆度非常大，轮机人员一边拿着各种工具，一边左右摇摆，当一个浪头过来的时候，必须腾出一只手来抓住机器旁边的栏杆或者可以固定的物件，不然准会摔个四脚朝天。

"扳手。"三管轮谭广大声吆喝，机舱里机器轰鸣，说话要提高嗓门。

轮机员陈贞国趁着浪头一过，返回工具箱取扳手。

他晕船晕得厉害。脸色铁青，大汗淋漓，刚才一阵剧烈的呕吐，把胆汁都吐出来了。忍着晕眩，他踉跄前行。从主机的前头绕到后面，在平时几个快步一跨就到了，可在大浪摇摆的时候，却不是那么轻松，有时前进一步倒退两步，还得要抓好固定的物件才不致跌倒。

突然，陈贞国大叫一声，一只脚插进了机舱一块不知道什么时候被风浪掀开的铁板，陷了进去。机舱的地板是用一块块的铁板铺垫，再锁上螺丝，因为下面还有各种管道，还有排水通道等，要经常打开进行检修。

旁边的谭广一看这架势，心想不好了，这一脚插下去，可大可小。以前就因为有人插进去把阴部给打伤了。他赶紧冲过去扶起陈贞国，把他架到集控室里坐下，察看伤情。

只见陈贞国的右腿小脚骨被铁板深深划伤，皮肉分离，白骨森森，喷出大量鲜血。

"怎么啦？"轮机长阮森明抬起头来，问了一声。

"没事没事。"陈贞国摆摆手。他不想影响大家，要知道，现在是在跟生命抢时间，不能分心。船上三十多个人的生命就寄托在这一群轮机人员的身上，相比起来，这点轻伤算得了什么呢。

谭广是退伍军人，不晕船，身体素质又好，在船上已经干了十几年，海上经验非常丰富。他赶紧找来毛巾帮陈贞国把小腿捆绑起来，把血止住，再把他背起来，一步一步地往二层甲板慢慢挪去……

经过40多个小时的大风浪航行，编队按照计划，白天慢速前进，晚上快速急行，船与船之间保持着固定的距离，31船在前方指挥船若隐若现的带领下跟跄前进。

1994年12月28日下午6时，编队进入南沙海域。

北纬12度，顺风，晚霞绚烂。

此时，海上风浪也小了许多，大家有种死里逃生的感觉。

附录:《1998 年 1 月 22 日中华人民共和国
农业部致南海渔政局电文》(节录)

　　陈为春同志不幸病逝,我们深感震惊和痛惜,谨以至诚电
唁,对陈为春同志的不幸逝世表示深切的哀悼,并对陈为春同
志的亲属表示亲切慰问,陈为春同志政治素质过硬,是我部一
名优秀的党员领导干部,有着强烈的革命事业心和敬业精神,
忠于党,忠于国家,忠于人民,工作任劳任怨,以身作则,身
患绝症仍以惊人的毅力坚持工作,与疾病进行斗争,在关键时
刻能以党和国家利益为重,不愧为"维护国家海洋权益的坚强
卫士"的杰出代表。我们深信,南海区局和整个海区系统会以
陈为春同志为榜样,高举邓小平理论的伟大旗帜,继续做好渔
政渔港管理的各项工作,继续为捍卫国家海洋权益再建新功。
　　陈为春同志精神永在,风范长存。

"这是命令!"

　　杨朝雷立在中国渔政 34 船驾驶台前,目光炯炯,扫视着

<<<
南海渔政人员登上
海军驻守的南沙岛礁

前方。海上晴空万里，墨绿色的海水一望无边，船艇冲开的白色浪花一眨眼就被甩在船艉。

穿了16年的渔政制服，今天还是头一次带队去南沙，如愿以偿的快慰中，未免夹杂着些小遗憾。出海前，刘国钧局长亲自到码头送行，要求全体人员高举爱国主义旗帜，发扬一不怕苦、二不怕死的精神，努力把任务完成好，为渔政队伍争光。之前，局长助理吴壮也跟他进行了一次长谈，特别提醒他要做好充足准备，别像当年31船那样吃尽苦头。

这天是1995年3月27日，全船25人，船长徐再林，由杨朝雷带队。

年轻时杨朝雷的理想就是当一名海上英雄，1979年南海区渔政船队建立时，时任队长的杨贵到广东沿海的渔村物色船员。杨贵看上了他，而他对西沙海战一级战斗英雄杨贵也崇拜得不得了，就这样，像追随偶像般地跟着杨贵来到了南海区渔政。

时年25岁的杨朝雷长得很英俊，满头黑发，后来，头发慢慢地掉了，照他的话讲是太聪明了，所以绝顶。他确实聪明。12岁就在生产队的"扫盲班"当老师，做过生产队的会计、大队资料员、公社统计员、农机员，甚至还当过电工。1977年在湛江水产学院海洋捕捞专业毕业后，又"社来社去"

回到家乡。这期间，他当过的最高的"官"是农渔机修厂的厂长，手下有百来号人。

杨朝雷在渔政的经历，用他自己的话来说是"从水手、水手长、二副、大副一路晕过来，晕成了副局"。不过那时他还不是副局长，是检查大队副大队长。说起出海的事情，他印象最深是有一次由于风浪太大，手给驾驶楼的门夹了一下，两个指甲当场脱落，鲜血淋漓，把海图都染红了，可他拿布把手包一下，继续操舵，没当一回事。

"那个年代的人都能吃苦，革命热情高涨。"他笑了笑说。

31船神秘首航，35船匆促轮替，而这一趟，杨朝雷率34船昂头南行，可以说，自此以后，南沙守礁真正成为南海渔政的"制度性"工作；自此以后，一批批渔政人以履带式的传递和推进，不松不懈，锲而不舍，与美济礁共忧共乐，共寂寞共风暴。

杨朝雷的这一趟守礁，就与对手进行了一场"蚂蚁与大象"的较量。

沿着东经114度线往南，在万山群岛和佳蓬列岛之间穿过。这是渔民到南沙捕鱼的路线，这也是我们几百年前古老的海上丝绸之路的路线。在古代，当风力作为船行最重要动力的

<<<
南沙岛礁上的家

时候，我们的祖先们就会选择在冬季出发，一路的东北风送他们往南，往南。

当佳蓬列岛最后一座灯塔蚊尾洲慢慢后退不见踪迹的时候，所面对的就是一片波翻浪涌的大海。见不到岸。世界成了一个硕大的圆，而此时的渔政船就是世界的圆心。

过了北纬12°，就进入南沙海域了。

此次出海，杨朝雷亦喜亦忧。喜的是，在美济礁修建了避风港，渔民捕鱼的安全区域扩大了；忧的是，今天的南沙海域，由于周边国家争端日炽，早已成为一块犬牙交错的丛林地带。由于是首航南沙，临行前杨朝雷专门恶补了一课。局势堪忧。就在一个多月前，菲律宾参议院借美济礁事件渲染"中国威胁论"，快速通过一项"使菲律宾武装部队现代化"的军事法案，决定在10年里拨款500亿比索（约20亿美元）用于菲军队的现代化。同时，出动海军炸毁了我国在仙娥礁、信义礁、半月礁、仁爱礁和五方礁等8个岛礁上设立的设施和标识物。而仅仅两天前，又派出海军巡逻舰，在空军飞机的支援下，突然袭击了停靠在离美济礁约30海里的仙娥礁附近的4艘中国渔船，拘留了船上62名渔民，指控他们"非法进入菲律宾专属经济区捕鱼"，"非法破坏海洋自然环境"。

中国一直避免南沙群岛问题复杂化、国际化，力图在和平共处五项原则基础上，通过双边谈判来解决领土领海争端。对南沙问题，中国基本上采取了忍让和克制的态度。遗憾的是，这种态度，不仅没有得到充分的尊重和理解，反而被认为是中国人软弱的表现。处处忍让，处处克制，换来的却是处处尴尬，处处窘迫。

"南海所呈现的是一种特殊的历史形态：不是大国欺负小国，而是小国蚕食大国。"战略学家、国务院发展研究中心国际经济技术研究所研究员潘石英先生在一篇公开发表的文章中说。

杨朝雷明白，每一班守礁船都不可避免地要面对海上丛林的莫测和诡异，而自己率领的这一班，自然也避免不了波诡云谲，风狂浪急。

经过三天航行，中国渔政 34 船抵达美济礁，进入潟湖，杨朝雷按照海上指挥所的指示，与中国渔政 35 船进行交接班，正式执行守礁警戒任务。

这天，早已戒烟多年的杨朝雷又抽起烟来，一根接一根。狭小的房间已经烟雾腾腾；他却全然不觉，只顾望着舷窗外的海浪出神。

昨天上午，忽接海指通知：各船、点的领导火速到 26 船

<<<
海军驻守的岛礁

会议室参加紧急会议。杨朝雷带着船长徐再林、教导员陈暹有、渔政员曾晓光出席会议。

大家围在一张大海图跟前，听海指通报美济礁最近的海空情况。

"菲军方准备于5月13日出动两艘军舰和一艘邮轮，进入美济礁海域活动。来者不善，善者不来。他们不知道又要玩什么花样了。上级要求我们密切观察对方动态，并作好应对准备。"海指01首长环视了大家一眼，眼光最后落在杨朝雷身上，"杨队长，34船要随时做好拦截菲律宾舰船编队的准备。现在有三个方案：一是将菲编队拦截在距离美济礁8海里外。二是如果拦不住，可以退回5海里处继续拦截。在这里34船要采取强硬姿态，如果他们要硬闯，我们可以采取冲撞逼退的办法来对付。万一前面两个方案都不行，34船就退回西南口把航道堵住，要做好最坏打算，一是被对方撞沉，二是自沉，无论付出多大代价，也不能让他们跨进泻湖一步！"

"那我们的人怎么办？"杨朝雷问，声音很大。

"这是命令！"01首长根本就没打算回答他这个问题，瞥了他一眼，继续下达指示。

杨朝雷的脑袋嗡的一响，耳朵里只留下一些短促的句子：

"要做好发生武装冲突的准备。"

　　"坚决不开第一枪。"

　　"有什么要向家里交代的都写下来，然后交给专人集中保管。"

　　一字一顿。斩钉截铁，不容置疑。

　　回忆起当时的情景，已担任副局长的杨朝雷仍是一脸凝重。他说，34船是条老船，才300吨，船上的武装配备也是民兵水平，怎么跟一个正规的海上舰艇编队抗衡？当时通报，对方过来的是一艘4000吨级的"本盖特"号登陆舰和一艘"米格儿·马尔瓦尔"号巡逻艇，双方力量的对比实在是太悬殊了。作为船上的带队领导，他十分明白自沉意味着什么。如果要他一个人去承担还好说，可船上的20多位兄弟呢？那可都是一条条活蹦乱跳的生命啊！

　　回到船上，看见兄弟们在自己的岗位上跟往常一样忙碌着，他突然感到非常的难受。会议结束前，海指领导再三交待，要稳定船员的思想，有些事情不能讲得太明白。呵呵，又要告诉船员，让他们给家人留个交代，又不让说个明白，这个稳定工作怎么做呀？怕我船上的兄弟们孬种？那就太不了解他们了。他们哪一个不是精心挑选的骨干？哪一个没经过大风大

<<<
海上的吊脚楼

浪？最让人窝心的是，凭什么连给他们知道的权利都没有？就是死也要死个明白嘛！

他没有马上召开船员大会，一个人关在房间里拼命抽烟，设法让自己冷静下来。他一遍遍地对自己说，或许海指领导说得对，有些事情不能不讲策略，说不说明白只是火候到不到的问题，如果都退到 5 海里的地方了，当然会让大家拼个明白。

当他拉开房门的时候，船长徐再林已经在门外吸完了两支烟。他们交换了一下眼色，不约而同地点了点头，然后通知全体船员到后甲板开会。他简要传达了一下会议精神，然后便按照第一个方案布置工作。

说到写遗书的事，他尽量装得轻松些，甚至还说了句玩笑话："有什么话要跟家人说的就写下来，像银行密码什么的，不要让老婆埋怨。"

把各项工作布置好以后，他稍稍提高语调说："大道理就不讲了，是男人的就站出来，不要在外国人面前丢人。"

他的故作轻松，却换来群情汹涌。大家都不是笨蛋，稍微分析一下，便知道明天肯定会有场硬仗。顿时就有几个船员站起来表示，队长，该怎么做，就你一句话，保证不会丢你的脸！

家的故事

家背后的故事

跋涉八百里，颠簸到美济，莫提航程苦，偷偷掩憔悴。相逢通音讯，不敢报噩信，唯恐生阻梗，同是守礁人。南沙气温高，处处似火烧，烤我皮几层，革面常发生，手往空中抓，晒干盐一把，可当调味料，此物最天然。淡水贵如油，严控须遵守，青菜难觅踪，瓜果无补充，日久食水浑，饮用常觉困，可有少粮时，不是新鲜事。守礁岁月长，黑发能变苍，常听关节响，风湿痛不鲜，便秘与失调，所患人不少，倘得急重病，唯求老天灵。人聚为聊天，相对皆少言，白天兵对兵，晚上数星星。养猪猪跳海，养狗狗发呆，养猫猫怕鼠，养鸡鸡发瘟。爱读旧报纸，专听收音机，不知故乡事，频从美梦寻。守礁既恶劣，问君为啥赴，祖国山河秀，寸土不受辱，卫南沙主权，共筑长城长，此事宜子孙，千古伟业传。

这是从2000年开始流传在美济礁的《守礁歌》，颇能说明守礁时的情况。对于"歌"里面的个别词语可能需要解释一下。

"跋涉八百里"，是指从广州到南沙美济礁要 800 海里，约 1500 公里。

"相逢通音讯"，南沙不能通电话，守礁人家里面的事情只能在接班的人员到达之后才能获悉，而大家都是守礁人，不敢通报不好的消息，怕影响到彼此之间的心情。譬如守礁 15 年，就有三十多位守礁人的亲人逝世了，但他们都在南沙守礁，无法回家尽孝，一般情况家里人都会隐瞒着，等他们回来以后再告知，因为让他们知道了也没有用，徒增烦恼。

"烤我皮几层"，是用来说明南沙太阳毒辣，守礁人的脸上经常被晒得掉皮，所以称之为"革面常发生"。

"人聚为聊天，相对皆少言"，特指寂寞。守礁人在船上一呆就是两三个月，二十多号人枯坐在一起，该说的话已经说完了，为了驱赶寂寞，有时会呼朋唤友找人喝茶聊天，但真正聚集在一起时，却已经无话可说。

"养猪猪跳海，养狗狗发呆，养猫猫怕鼠，养鸡鸡发瘟"，这四句话是特指在南沙那种极端恶劣的环境下，连动物都会变态，而守礁人就是在这样的环境底下坚持长期守礁。

这首"歌"说起来还有点故事。2000 年的某一天，在前往南沙的航途中。35 船二管轮陈贞国和轮机员郭营正在机舱

<<<
美济礁

里值班，这两位年轻的渔政人，已经在南沙工作了好几年，算是老南沙了。许是闲来无事，戴着一副近视眼镜的陈贞国，在轮机值班日记的背面草草写下这首顺口溜。没想一放到黑板报上，立即引起大家的共鸣，很快就在船员中传播开来。

35 船是一条老船，据说原来是国营渔业公司的渔轮，后来改装成渔政船，船上设备非常简陋，活动空间窄小，船长44.6 米，型宽 7.6 米，型深 4 米，一个标准的长方形盒子。

船上最大的活动空间在机舱隔壁，一个由鱼舱改装而成的大舱，也是船上唯一的娱乐场所，大约 20 平方米，摆放着一套音响和电视机，可以在里面看碟、唱歌。后甲板上还留有废弃多年的拖网机，海水锈蚀的痕迹斑驳可见。

守礁的生活十分艰苦。大管轮丁之明说："在船上做梦都在嚼青菜。有些航次，两三个月都见不到青菜。有一次，海上漂来一捆烂菜帮，估计是过往商船抛弃的，上面有几片发绿的菜叶，被一个船员发现了，马上跳进海里捞了上来。晚上做了一顿菜汤，每人分到一片不足一寸长的青菜叶，都舍不得一口吃下去，放在舌头上舔了又舔，比千年的人参都珍贵。"

守礁环境恶劣，人很容易"少白头"。王汉楚刚从学校分配到船上时，满头黑发，加上人又长得高大，海风一吹，黑发飘拂，非常潇洒。几个航次过后，突然发觉不妙，原来黑油油的一头美发开始变得灰黄干枯。再到后来，彻底不妙了，白发已经过半。赶紧买来染发膏涂抹，以保持英俊少年的模样，可海风一吹，灰白的发根历历在目，徒增尴尬。

有一次，南沙巡航考察团到美济礁，为了保持风度，王汉楚起了个大早，跑到冲凉房偷偷把头发染好，一出来，正好碰到随团的副局长郭锦富。郭锦富亲切地摸了摸他的头发，正要寒暄几句，却发现自己一只手全黑了。郭锦富一脸诧异，愣了一下，马上明白是怎么一回事，又摸了摸王汉楚的头，满怀爱怜地说："多帅的小伙子，怎么就有了白发。"

轮机员郭营看到大家老吃罐头，有人连续7天拉不出大便，有人一闻到那股味就像孕妇似的作呕，特难受。他决定在南沙种豆芽。用从大陆带来的细沙，和上绿豆盛放在阴湿的角落里，每隔两个小时浇一次水，浇完水就蹲在一旁看，仿佛在等待生产的助产婆。第二天，胚芽渐渐伸出种壳，像个正楷逗号，沙也随着蓬松开来；第三天豆芽齐刷刷地拱了出来，有二三公分；第四天伸直了胖嘟嘟的身子，每根都有七八公分长。

郭营试种绿豆芽大获成功。当时就有人举起双手高呼："郭部长，你好嘢！"从此郭营就成了"美济礁后勤部长"，群众任命，无须"公试"。在海上生产豆芽，为了提高产量，都尽量让它长高一点。与菜市场的比，口感难免差些，但在大家眼里，它仍是一道不可多得的佳肴，大家趋之若鹜。

守礁时每人一胶罐淡水，25公斤，规定用3天，在南沙一动就出汗，三天一桶水是远远不够的，至于怎么用就看你的本事了。黄生在南沙号称"半仙"。为节省用水，可以十几二十天才洗一次澡，平时主要靠"干洗"，还号召大家向他学习。有一次意外发生了，估计是他身上的味道吸引了船上的蟑螂，一只调皮的小蟑螂趁他睡觉时钻进他的耳朵，在耳膜上打鼓。黄生马上采取措施，侧起脑袋原地猛跳，可惜蟑螂不是游泳池里的水，任他把船板踩得咚咚响，蟑螂就是赖着不肯出来。请人帮忙掏，也奈何它不得。有人献计，把酒精灌进耳朵里，蟑螂受不了就会自己跑出来。马上采纳。岂料，连灌几次，仍不见动静。如此反复，蟑螂不再打鼓了，估计已牺牲在岗位上。再掏，还是掏不出来。直到一周之后，溃烂了的蟑螂才慢慢地从耳内流出来，把"黄半仙"折磨得生不如死。

守礁人尤其喜欢下雨，一看乌云来了，就赶紧往身上打肥皂，准备痛痛快快地洗个"天浴"。老天却爱作弄人，刚洒下几把黄豆大的雨粒，猛然又收手不干了。场面就有点尴尬，大家面面相觑。寄望老天重新开恩，光着屁股等待再来一阵骤雨。偶尔也会如愿以偿，但更多时候等来的却是热辣辣的太阳。有聪明的人把大桶小桶包括一切可以盛水的器皿都拿出来承接雨水。有了这些雨水，接下来的几天，就可以适度地"挥霍"一下。

高温、高盐、高湿是一剂强烈的腐蚀剂，它无处不在，漫天流淌。它可以在不到一年的时间内把一辆簇新的汽车腐蚀得锈迹斑斑千疮百孔，也可以悄无声息地将一个铁打的汉子变成一具病躯。大副陈连祥，一年至少有四到六个月在南沙守礁。每次出海前都要准备八大盒膏药，如果睡觉前不贴上一服，双腿痛得就根本无法入睡。腰椎也不知什么时候落下个间盘突出，在正骨医院躺了整整两个月，刚可以下地走动，又一颠一跛地上船出海了。

据粗略统计，由于长期守礁，中国渔政南海总队的船员，有60%患风湿病、关节炎，50%的人有肠胃病，40%的人有内分泌失调、便秘、失眠等症状，另外部分人有不同程度的心理疾病。而且随着时间的不断推移，这些数字还在不断地增加。

中国渔政南海总队常务副总队长杨怡隆说："我们单位在

<<<
美济礁海水

南沙守礁 15 年，至今每人守礁的平均天数超过 2000 天。守礁
15 年，4 人积劳成疾，先后病逝。30 多人亲人病故不能回家
尽孝。100 多人的家人住院不能回家照顾。30 多名年轻船员还
在打光棍。"

郭锦富也说，南沙守礁 15 年，当中的艰辛三天三夜也讲
不完。

那人，那狗，那猪。那海，远方的家

在大海深处，最难耐的是寂寞。

美济礁的确很美，大海也的确很美。在一些文艺作品中，
到太平洋听涛是最浪漫的憧憬。然而，当你不是一次旅行，而
是坐牢般困在其中，日复一日相对无言，大海就变成一个巨大
的虚无，那巨大的虚无是一只长着针尖般牙齿的怪物。它龇着
细细的牙，不止不休地啮咬，深入神经，深入骨骼，深入灵
魂。那种痛难以言说，仿佛是一种不见血的"凌迟"，简直要
让人崩溃和疯狂。

第一次参加守礁的大学生曹斌启，就在日记里记下了他最
初的感受："一艘船就那二十来号人，话说完了，脸看腻了，

连天上飞过只鸟儿，都要盯住猜是不是双眼皮的。业余时间大家就想着法子找乐。开始是打牌，打多了也闷，又容易吵架，那就唱歌吧。会唱的不多，五音不全的倒是不少。在岸上连哼句小调都不敢，这会儿却抢着上台。一开腔，那狼嚎般的吼叫让人听了心里发瘆，一曲未尽，人跑了一半。后来就发展到互相数眉毛，全船谁有多少根眉毛，大伙都一清二楚。"

歌唱得好的也有，老李算一个。老李是轮机员，三十岁不到，只是守礁的时间长了，白发很多，看起来像个老头，船上的人就叫他老李。老李有病，长期在机舱里面工作，严重耳鸣，有只耳朵都快听不见声音了。他也给领导反映过，但守礁人员紧张，再加上船上病号本来就多，领导也不知道安排哪一个好。无法休假治疗，老李很郁闷，所以到了南沙经常要唱歌。老李很有艺术细胞，潮流又跟得紧，什么流行歌曲他都会唱。

有一年在南沙守礁，除夕夜，船上组织联欢晚会。老李喝了几杯酒，突然想自己新婚的妻子，心里难受。情绪来了，老李就想唱歌。那一年刚好流行陈红的《常回家看看》，船上没有伴奏带，老李就清唱。唱着唱着，眼泪就来了，每一个音符都湿漉漉的。声音在喉头哽咽住了，老李还是坚决要把它唱完。就在老李沉醉在自己歌声里的时候，现场突然安静了下来，大家都在抹眼泪，有人怕哭出声来，抱着脸就往甲板上跑，好好的一场联欢晚会，就这样给他唱散了。

后来，教导员规定老李不能在船上唱这首歌，再后来，规定所有的人都不能在守礁时唱这首歌。老李现在不出海了，耳朵聋了一只。领导把他调到岸上电台工作，老李现在可以好好地治疗他的耳朵了。

唱歌令人伤感，养狗却可以解除寂寞。狗通人性，既可以当朋友，又可以逗乐解闷，于是就有人在船上养起了狗。林吉要船长带了一条狗，刚上船的时候，聪明伶俐，人见人爱。可才过了两个月，那狗每到清晨和傍晚，就跑到甲板上看海。一动不动地盯着南方，眼珠混浊，目光呆滞。刚开始，它还能叫几声，后来，就一声不吭了，只是望着来时的方向出神。有天，它突然又叫了起来，伸长脖对着大海和天空发出一阵阵凄惨的吠叫。狂躁不已的狗，最后竟然疯掉了，只好人道毁灭了事。

无独有偶，西沙水警区政委陈俨也写过守礁的狗。他在《中建岛的狗们》里写道：

1995 年冬，北方扑来的寒潮像是刻意要封锁这孤绝小岛，用两个多月的险风恶浪幻灭着一切前来补给的希望和可能。半袋大米是岛上全部所剩，没有荤腥、没有菜绿，官兵们生存受到威胁。

　　周琦作出惊天大策：杀狗！

　　这是大事，杀谁的狗?! 杀谁的都舍不得。于是开会、于是讨论、于是研究。一屋子人勾头抽烟，像是自己就要赴死，不敢拿眼睛去惹周琦。周琦只好提出把一只性格忧郁、经常伤害燕鸥的小土狗杀了，顺便优化种群。那狗的主人是个老兵，泼出命地不依不饶，说我的狗再不济也是生命一条，它忧郁是因为受你们和你们狗的歧视，再说，杀了它我可咋过？还是杀了你那只大黑狗吧，谁叫你是指导员呢？要带头牺牲！

　　周琦被将了军，只得割爱。杀狗时，他去远处避闪，眼泪流了一沙滩。饮事班长勒住大黑狗的脖子把它悬吊在门框上，那狗竟不叫，只是哗哗淌泪。棍棒打了无数，不死，直到打断绳索，那狗便吱吱呜咽着挨屋找寻主人，惜别的泪水汪湿一地……周琦那疼失爱子般的心情长长久久地持续着，直到今年重返西沙向我述说此事时仍泣不成声。从那以后，他发誓一辈子不再养狗，怕的是触动心灵深处那透骨的疼！

<<<
美济礁厨房

　　在南沙养猪，猪的下场也很悲壮。

　　有一次，35船从广州出发南沙。船一到担杆口，天开始变得阴沉起来，厚厚的积雨云像一个重磅秤砣压在船头，船开始无规则地摇摆颠簸起来。顷刻之间，暴风雨从天而降。狂风卷着豆子般结实的雨点，密集地砸向浪花翻卷的海面。渔政船一会儿跳上浪尖，一会儿滑进浪底，就这样航行了三天三夜，风浪才逐渐变小了。

　　这天，大师傅薛镇宝提着一桶潲水去喂猪。猪就养在后甲板的走廊里。南沙守礁，为了能吃点新鲜的猪肉，一般都会带两头生猪到南沙养。找个时间把猪杀了，加个菜，也算是一项民心工程。

　　猪饿了三天了。薛镇宝拍拍刚解开的猪笼，自言自语地说："唉，做猪也不容易呀。"话没落地，窝在笼子里的猪猛地蹿了出来，把他撞了个趔趄，然后一阵小跑，咆哮着往安放舷梯的闸口奔去，到了那里，居然还回头望了薛镇宝一眼，大师傅刚来得及喊一声"回来"，那猪攒起四蹄狠命一跳，已箭似的跳到海里去了。大师傅拍着舷板大叫，那猪也从海里抬起头来，两只小眼珠血红血红的。

　　"真想不通，猪的脾气都这么暴烈，不就是在风浪里关了三天吗，有必要这样吗？我们在海上一呆就是两三个月……"
薛镇宝很震惊。

渔政人守礁的故事很多很多，外人守礁就那么一次。有位
青年作家跟渔政船去南沙守礁，事先想得很美，南沙没有电
话，没有饭局，没有灯红酒绿，没有市尘喧嚣，正好安心看
书，用心写作。恰好他又天生不晕船，一路看海，看鸟，看
鱼，很惬意，也很抒情。到了美济礁，又可以钓鱼、游泳、捡
贝壳，更是不亦乐乎，认定守礁过的是神仙的日子。

一个月以后，开始有些寂寞了，但还不至于心神不安。这
期间，他强迫自己看书码字，无奈灵感不来，对着键盘半天也
敲不出一个字来。再过一个月，他开始昼伏夜行，白天睡觉，
晚上邀人彻夜长谈。没人陪他说话就很沮丧，就喃喃自语，就
半夜敲门，行为变得有些怪异。有人关心他，是不是熬不下去
了？这时，他就洋洋洒洒地发表演说，说天才之所以为天才，
文学大师之所以为文学大师，就是因为他们有异乎于常人之
处。凡此种种，逗得大家捂着嘴偷偷地笑。

70 多天的守礁结束后，回到广州第二天早晨，他从白云
山上给船长打了个电话："船长，原来这世界上还有老人，有
女人，有小孩，还有树……"幼稚得就像幼儿园小班的孩子。

这个作家不是别人，正是本书作者之一：姚中才。

仙娥礁到乎儿干湾

1995 年 3 月 25 日。一群海鸥，自然地拍打着有力的翅膀，队形整齐地在渔船间飞掠，往海面搜寻着水面不小心露出形迹的鱼儿。海上静悄悄的，只有海水拍打船身时所发出的柔和响声，一切是那样美好安详。

这里是南中国海深处。来自中国海南省琼海市潭门镇的四艘渔船船主和船工们迎着晨光匆匆地吃着早饭。对于潭门渔民来说，这里就是他们家门口不远的责任田，他们世世代代祖祖辈辈靠着这片海来吃饭。

四艘船泊了一夜了。四艘船依次是"琼海 00308"、"琼海 00373"、"琼海 00406"、"琼海 00488"，船员孙文安特意去看了一下经纬仪，东经 115°26′，北纬 9°19′，船的东边，是仙娥礁。仙娥，也就是仙女的意思。海南渔民起的名字。他们在海上漂泊久了，是不是有时也想着有仙女下凡来到身边？南沙大多数礁名，都散发着浓浓的海南渔民的气息。在他们想象所能到达的地方。

黄宏思穿着截断了牛仔裤管的烂短裤，赤着上身，蓬松着头发，英俊的脸庞带着三分孩子气，从舱内懒洋洋地钻了出来。当他那对像还未睡醒的眼，落在远处的海面上时，明显地呆了一呆，便叫"我的妈呀!"年长一点的黎德民叫骂一声："都快成老船员了，你还大惊小怪干什么?"

　　黄宏思并没有理睬黎德民，依旧大声招呼其他船员："快来看，前边来了条船!"大家顺着他手指的方向往前看，果然，在远方，出现了一个小小的黑点。

　　其实，南沙群岛是一片繁忙的海域，这里经常有船出没。除了长年在这里作业的潭门渔民，还有来自广东省台山市的渔船，有来自广西北海的渔船，有来自中国台湾的渔船，也会有来自越南和菲律宾的渔船。这里丰富的海产吸引了众多的人来此耕海。在大海上，人是脆弱的，无论是不是语言相通，相遇总会打个招呼，若遇到危难就会彼此相帮。比方说接济点食物，要点淡水什么的。

　　远处的黑点慢慢变大，接着又出现了一个黑点。是两条船!准备出海工作的人都来到了甲板上观看。会是什么船呢?仙娥礁这里并不在主航线上，大型运输的商船往往不会到这里来。而在海上久了，对不同国家和地区渔船的特征他们已经了

<<<
礁上大棚

然于心。中国的渔船一般会在 80 吨左右。船头会搭一个凉棚，用来吃饭乘凉。越南的渔船一般都比较小，他们船上的渔具也比较落后。而菲律宾的渔船两翼张网，看上去像是蝶形的。

这两条船看上去不像是路过的，直突突地往这四条海南渔船的方向奔过来。看上去也不像是渔船和其他作业用的船只。

这是两条军舰！正快速地驶过来。各条船打开对讲机开始相互通话。

在南沙群岛，自从周边国家纷纷占领岛礁开始，海南渔民在这里遭遇军舰的事已经不是第一次了。在这样的问题上，海南渔民有自己的处理方式。最多是陪一张笑脸，送点船上的烟酒肉过去。语言不通，但物资是通的。礼多好办事。这一招往往很管用。虽然有时觉得挺窝囊，在自己家的菜园子里捡菜，还要给外人陪个笑脸。但是在这远隔重洋的大海上，也是没办法的事。你自己手无寸铁，人家却是真刀真枪，人家手里的家伙不是吃素的。

虽然大家都没有在意。00488 船的轮机长柯国川还是在对讲机里嘟囔了一句："这些家伙，会不会来者不善啊？"五十来岁的柯国川，与大海打了三十多年的交道了，他一直是与机器打交道的。相比与人交往，他还是觉得机器单纯。00308 船的船长王琼法，这个随和而开朗的汉子在对讲机里轻松地说："我跟他们打过交道，送点东西就会没事的。"

渔民们还以为是像以前一样出海打鱼，像以前那样来对待菲律宾军舰就行了。他们不知道，在 1995 年，局势发生了微妙的变化，菲律宾已经有了对南沙渔民动手的胆量了。

这是菲律宾的拉莫斯时代，他们这时已经实际占领了南沙群岛的马欢岛、费信岛等多座岛礁，并在这些岛礁上修建了永久的军事设施。他们对南沙群岛这块藏灵蕴宝的海域早已经有了自己的算盘。我们的潭门渔民已经不能自由地在自己祖辈生活的海上无忧无虑地出没了。在仙娥礁以西 60 海里处有一座美济礁。早些时候，菲律宾军人炸毁了美济礁环礁礁盘上的中国主权标志，拆毁了一些中国建立的简易设施。中国外交部发言人发表了抗议声明。抗议没能阻止菲律宾侵占南沙的脚步。他们一直且进且停，看一步走一步，对南沙的权益，能占一点是一点。

还是在美济礁，中国渔政部门 1994 年底进入，修建渔民的避风设施，菲律宾方面一时反响强烈。中菲举行了双边会谈。1995 年 3 月 19 日，菲律宾副外长赛韦里诺来到北京。经过了三天的会谈双方没有达成任何协议。菲方承诺说，菲律宾目前不会去触动美济礁上的建筑。菲律宾驻华大使穆阿多·翁在 1995 年 3 月 24 日的记者招待会上说，会谈气氛"坦率而诚挚"，并认为中菲关系"是良好和稳定的"。

香港《南华早报》3 月 24 日发表文章《中国的务实态度》。文中说："如果中国真想阻止菲律宾的行动，马尼拉就不大可能进入有关岛礁并拆除上面的建筑物而中国一点也不知晓，中菲会谈就不大可能进展得那么顺利。"

表面上的平静其实蕴含着更大的危机。而这个出气筒和爆发口无可避免地降临在这群浑然不觉、毫不知情的潭门渔民头上。

所有的渔民没有谁意识到危险正在逼近。渔民们还是去忙自己的作业去了。虽然两条军舰正在全速逼近。00406 船的船员们登上了随船的小艇，他们要去收昨天下的渔网。一夜过后，渔网里一定满满当当的。在南沙，最开心的时刻就是收网的时刻，南沙，总是能给我们的渔民带来些惊喜。00406 船上只留下了船长麦运秀和轮机长许道清。00488 船也有两条小艇下海去收网了，船上还有 12 个人。另外两条船都在做着下海的准备。

黎德民警觉地叫道："真的有点不对头！"还在船上看着

这两条船的人也都觉出了异常。两条军舰，从两面包抄而来，从势头上看就明显带着敌意。舷号 28 的是 4000 吨的登陆舰"本盖特"号，舷号 507 的是 200 吨的巡逻艇"米格儿·马尔瓦尔"号。军舰靠近了。渔民们这才发现，登陆舰上有一个篮球场和一架直升机，而上面的炮手正在笨拙而紧张地操作着机关炮。炮口直指渔船而来。

这是一艘老态龙钟的美国登陆舰，当时已经服役 52 年了。就是这两个老搭档，在不到两个月之后，又制造了举世瞩目的"5·13 事件"。而一年多之后，又是这艘"本盖特"坐滩仁爱礁，以搁浅之名赖在那里实现了对仁爱礁的实际占领。

柯国川不幸言中，果然是来者不善！00406 船船长麦运秀下意识的反应是开船避开。惹不起我躲得起。中国渔民朴素的生存哲学。轮机长许道清心领神会地发动机器，起锚躲避。但这一次，躲无可躲，这些全副武装的军人把他们盯上了。这些军人这次好像是决意不肯放过手无寸铁的渔民了。他们是军人，自然比渔民要反应更快一些，他们很快识破了 00406 的意图。507 号登陆舰马上打开了舰头舱门，从里边开出一艘 6 吨左右的小型登陆艇和一条橡皮艇。艇头上都高架着机关枪。

菲律宾大小四条武装船只对着四条手无寸铁的中国渔船。

<<<
福建省捐助的岛礁菜园

登陆舰的喇叭里高声喧嚣。那里发出的声音渔民一句也听不懂。

麦运秀还是想躲开去。28号巡逻舰发现了渔船的企图，倚仗自己的优势，时而提速，时而减速，时而掉转船头，与渔船进行周旋。绕到了麦运秀的00406船的船头，严严实实的挡住了他前进的方向。驾着机关枪的橡皮艇气势汹汹地冲向00406船。

这时候，最不可思议事情发生了——枪声响了！菲律宾的军舰居然向我渔民开枪了。

在采访渔民期间，他们说，在海上，遭遇枪声后来差不多是习以为常了。越南、马来西亚、菲律宾，不知他们的军队哪里来的底气，都敢对我们的渔民鸣枪。他们说是鸣枪示警，稍有不从就对船头扫射。我们手无寸铁的渔民，是冒着生命危险在自己的蓝色的国土上生产。枪声响了，00406号渔船不得不停了下来。谁也不想拿自己的生命来开玩笑！

60海里外就是刚刚设立了渔政救助点的美济礁。麦运秀拿的对讲机没有办法联系上美济礁，但是船上的电台可以联系上。麦运秀猫着腰，打开单边带，单边带是渔民的叫法，它是一种无线电台通讯。打开后，还要调频、呼叫。这时候，一个

家的故事 | 091

长着络腮胡的菲律宾军警已经强行跳上渔船。紧跟着，又跳上来三个军警。络腮胡显然是个小头目，他很有经验地冲到驾驶台前，一把夺过了麦运秀手中的单边带。这等于破坏了船上最主要的通讯设施。渔船一下子成了聋子和哑巴。跟着络腮胡上来的几个军警接着又弄坏了渔船上的导航仪、指南针，驾驶舱的三名工作人员被迫交出航海图，无可奈何地离开驾驶舱。

菲律宾军警看一眼船头飘着的中华人民共和国国旗，一个小个子冲上去，粗暴地摘了下来，胡乱地卷着没收了。

另外三条渔船听见枪声，都马上发动机器起锚躲避。但这时，菲律宾的小登陆艇已经靠了上来。菲律宾海军和海岸警卫队的人员明晃晃的枪口指着，一部分武装人员已经跳上了渔船。

一百多名武装人员手持机关枪、冲锋枪，枪口对着我们的渔民，口里喊叫着我们渔民听不懂的话。渔民们被驱赶到船头，蹲在甲板上不许动弹。菲律宾军警持枪看押。开小艇到附近海域收网捕鱼的渔民也被押回到渔船边。

渔船面临的是一场浩劫，满船的物品都被翻了出来散乱地放在甲板上。

其实，这渔船上能有什么呢？菲律宾军警还是不断地拍照。几把剖鱼的刀具也让他们如临大敌。修理渔船用的石灰粉和蜂皇浆小空瓶他们以为是什么非法的物品郑重地保留了起来。除了船长和轮机长，其余船员全部被赶上了507号登陆舰，集中在舰头的甲板上。

南沙的阳光，任何一个季节都是酷烈而炎热的。甲板上没有一点遮挡。阳光炙烤在渔民们的脸上，好像能听到滋滋冒油的声音。每个人的脸上、后背都是汗水。太阳格外的毒，火辣辣地蒸煮着大海，甲板被晒得滚烫，光着脚板的渔民站在上面，脚底似火煎，潮湿的心却冷得发抖，内蒸外烤，冷汗热汗交织着，湿透了全身。

菲律宾军警用大绳索把渔船与军舰捆绑在一起。每艘军舰绑两条渔船。到下午三点左右，菲律宾军舰启动，强行把渔船拽往菲律宾。

这也许是海南渔民们经历最窝心的航行。老掉牙的登陆舰慢悠悠颤微微地向菲律宾开过去。这些做贼心虚的家伙小心翼翼，对每一艘过往的船只都非常警惕，渔民们猜想，他们是怕遇到中华人民共和国海军的军舰。

孙振兴只觉得特别难受。这几天他身体不舒服，有些感冒。平时他看上去就是一副文文弱弱的样子。因为小时候喜欢画画，村里人一直叫他画家，在渔民群里，他算是一个知识分子了。白天太阳的炙烤差点让他虚脱。他觉得口渴得厉害，多么想喝一口水，而烈日下的渔民们没有一口水喝。

从来没有过的恐惧袭了上来。每个人都不知道这些菲律宾军警要把他们带向哪里，也不知道这些菲律宾军警到底想干什么。在这 62 位渔民中，很多人都是平生第一遭遇到这样的事。他们没有经历过这样的事情。从他们祖辈的口里，除了被日本占领的时候外，还没听说过到南沙被军警扣押这样的事。不是遭遇海盗，而是一个国家对另一个国家手无寸铁的渔民直接动刀动枪的扣押。

南沙群岛海上日夜间的气温冷热悬殊。夜里，冰凉的海风刮得渔民们浑身发抖。孙振兴本来就感冒，海上的风让他冷得牙齿打磕。又冷又饿，他只能忍着。想不忍也没办法，菲律宾军警根本就没打算给他们想什么办法。黑洞洞的枪口，未知的航程。渔民们中间不知是谁嘟囔了一句："这群菲狗，要把我们带去哪里？"那个看守显然不懂中文，但他拉了一下枪栓，嘴里不知说了句什么，渔民们知道了他的意思，大概是不准出声之类的吧。孙振兴觉得满腔悲愤：我们大国子民，堂堂的中华人民共和国公民，在自己祖辈生产的地方生产，竟然遭遇如

<<<
美济礁第一代高脚屋

此大辱!

从仙娥礁到菲律宾巴拉望省的乎儿干港，走了一天两夜，两夜都是下雨。小雨淅沥，海风凄凉，无处遮蔽。菲律宾人把中国渔民当作了任凭风吹雨打、没有知觉的礁石！风雨中，大家身子贴着身子，互相倚靠，互相取暖。船长王琼法，既要照顾老，又要照顾小。老父亲64岁，儿子15岁，都经不起这般折磨，日晒雨淋，饥寒交迫，病在路上麻烦就大了。爷爷更是爱惜孙子，他把孙子搂在自己薄薄的胸膛上捂着。上了菲律宾军舰后，渔民一天两顿稀饭，而且不管饱。五六个人一小钵稀饭，小钵六七寸直径，也就是一公分深，不够一个人吃！每条渔船都有1000多斤大米，菲律宾人也是用这些米煮稀饭，但是偏偏不煮够。

这些被劫持和胁迫的渔民在船上整整蹲了50小时，3月27日早上，到达菲律宾巴拉望岛巴拉望省的乎儿干湾军港。菲律宾海军用小登陆艇把渔船一条一条地拖进港湾。

乎儿干湾港是个军民混用的军港。码头是用石头垒成的简易码头，没有公路直接到达港口。

四条渔船被拖进了乎儿干湾港。渔民仍然被强制蹲在507号登陆舰的甲板上。许瑞江要小便，菲律宾军警派一高个子士

家的故事 |

兵押送。许瑞江壮着胆比划着手势问"高个子"，要抓我们去哪儿？

"高个子"指着陆地又指指渔民，然后"唏哩哗啦"地嚷着什么，凶神恶煞地高举手掌当刀，恶狠狠地向许瑞江的脖子上斩劈下来，同时喊"巴代"（菲律宾话：杀头的意思）。接着比划双手捆绑状，然后亮两个手指，再加画一个零。

许瑞江很明白"高个子"的意思：这一抓，如果不杀头，至少要坐牢二十年。

回到渔民们中间，许瑞江把"高个子"刚才比划的意思告诉大家。渔民们知道这一去凶多吉少。不知是要杀头还是要坐牢？有人担心菲律宾当局会把他们不明不白地秘密处死。

夜里，有一个菲律宾士兵摇摇晃晃趔趔趄趄窜进渔民中间，杀气腾腾地提着枪指着渔民，恶狠狠地"叽哩咕噜"地嚷了一阵。突然"砰"地一声枪响。渔民们伏满甲板。过了一会儿，渔民们相互查看，没人伤着，大家才舒了一口气。子弹是从渔民许瑞江的耳边擦过。

渔船靠港后，就成了任人宰割的羔羊。渔民们被看押在那里像罪犯一样示众。所谓"供记者曝光"，面对着语言不通的一群群不断拍照的记者，孙振兴直觉得血直往头上涌。颜面何存？一个大国的颜面何存？他的眼泪在眼眶里打转，但他又强忍了回去。他觉得此刻在他的心中，杀人的念头都有。我们只在自己的国土上生产，没有招谁惹谁，为什么这样的际遇就落在我们头上。

他们，凭什么？

而渔船的遭遇，与其说是遇上了菲律宾的官军，倒不如说是遇上了一群抢掠者，船上但凡有点用的东西，潜水用具、香烟、口杯、手电筒，还有饮料、饼干等，没有一样东西是他们不要的，所有的东西都被洗劫一空。

孙振兴不明白，那些所谓的记者们，为什么不把镜头对准船上，去拍拍他们军警们的嘴脸！

这个时候，船长们面临的是另一场更为严峻的考验。

3月28日早上7时，一个水兵来到00406船，把麦运秀带到戒备森严的26号巡逻舰上。麦运秀迈进军舰办公室，看到菲律宾军警个个表情肃杀，这个五十多岁的汉子此刻非常坦然。一个中文半通不通的人，被请来当翻译。这个所谓翻译，普通话最多只能算半桶水。边讲半明不白的普通话夹杂广东话，还要加手势和象声词，麦运秀才能明白他所表达的大概意思。

翻译说，今天是专程来帮助渔民们摆脱牢狱之灾的。

麦运秀被安排坐在大圆办公桌一旁。桌子的正面坐着几个菲律宾军官，现在他们是一副和善的样子，一个军官还含笑递过来一杯热咖啡。麦运秀礼貌地接过来，咱们的大国气概不能丢，但是他没喝，要是里边下了迷药，做错事就惨了。

　　菲律宾军官问："你们是什么时候进入菲律宾海域的？"

　　麦运秀毫不犹豫地回答："我们从来没有进入过菲律宾海，我们一直都在中国管辖的南沙海域捕鱼作业。是你们菲律宾军警非法窜到我中国南沙把我们渔船押过来的！"

　　菲律宾军官好像也没有其他词，再三问讯的都是"你们是何时进入菲律宾海域的"。麦运秀侃侃而谈，从明朝开始谈起，讲潭门人在南沙捕鱼的历史。他说，我们在南沙开始打鱼时，你们还不是一个国家呢。他再三重复强调南沙自古就是中国的领海。

　　后来，菲律宾军官拿出一张早已准备好的文书放在麦运秀面前。麦运秀完全看不懂那纸上的"豆芽谱"，不知道上面的文字是什么意思。

　　菲律宾军官讲道理自然是讲不过麦运秀，那个半桶水的翻译也不知让他明白了麦运秀的话没有。军官这时又是打手势，又是用象声，比划了手写签名动作。然后，他嘴里学着机器隆

<<<
岛礁上的灯塔

鸣声"隆隆……"，然后大手一挥。

翻译边讲普通话边模仿菲律宾军官的手势表演了一遍，麦运秀才明白他所表达的大概意思就是只要麦运秀"承认"进入菲律宾海域，只要在这张纸上签了名，菲律宾政府马上释放他们开船回家与家人团聚。

翻译继续说，如果签了名，你们不但可以避免牢狱之苦，而且还可避免财产损失，有如此好事何乐而不为？

麦运秀特别想早日回国与家人团聚。麦运秀是 00406 号渔船的船主，如果能连船带人释放，就可避免自己的巨额财产损失。可是，潭门渔民无数祖先葬身南沙长眠大海，南沙是潭门渔民祖祖辈辈生产的地方。如果为了一己私利而出卖南沙，怎能对得起祖宗？怎能对得起子孙后代？

麦运秀再三强调说，我们根本没有进入菲律宾领海，我坚决不同意签名。

菲律宾军官见麦运秀软的不吃，一下子变得凶神恶煞，态度和口气都变得强硬起来。还杀气腾腾地嚎叫："巴代（菲律宾语：杀头的意思）、巴代……"早已把生死置之度外的麦运秀依然正襟危坐面无惧色。菲律宾当局所有的阴谋都是白费心机。

菲律宾军方只好押送麦运秀回渔船。

接着，菲律宾军方又一个一个地带各渔船的船长到 26 号巡逻舰上受审。同样重复表演，也是拿一张早已经准备好的文书，要船长们在上面签名。也是说，如果签名马上连人连船放你们回国。

在菲律宾方面的威迫和利诱面前，潭门渔民心明如镜。不论菲律宾当局以任何利益利诱，渔民们始终没有动摇。在关系到祖国领海完整的这个大是大非问题上，渔民一直置国家民族利益于至高无上。

船长们明白是要他们签名"承认"非法进入菲律宾海域，都毫不犹豫地拒绝了。船长们说，我们渔民祖祖辈辈都在南沙捕捞作业，南沙自古是中国的领海，怎么能说是菲律宾的领海呢？我们在自己国家的领海捕捞作业是天经地义的。要我们签名，那是不可能的！无论任何文书，如果要我们签名的话，一定要请来中国驻菲律宾大使馆人员在场，否则，一切文书一概不签！

一架直升飞机飞来降落码头。载来了巴拉湾省一个长着啤酒肚的海军司令官。

"啤酒肚"司令官走上 507 号登陆舰的甲板，在媒体的摄像机面前，摆足傲慢姿态讯问我渔民：你们知道"卡拉延群岛"（南沙群岛）是谁的领海吗？

草塘村的青年渔民孙振兴回答：当然知道，南沙是中国的领海！

"啤酒肚"说：南沙是菲律宾的领海！你们是非法入境！

孙振兴回答：我小时候就听爷爷说，我的高祖父从十二三岁就到南沙捕鱼作业，并长期居住那里。我的爷爷也像我的高祖父一样，也是十二三岁就到南沙捕鱼作业。我也是沿着祖先的脚迹，像他们一样，自小就来南沙捕鱼作业。我们祖祖辈辈到南沙来捕鱼作业，南沙一直都是我们中国的领海，怎么会变成菲律宾的呢？

在媒体面前公开讯问，"啤酒肚"本想出尽风头，不料却被一个毛头青年驳得哑口无言。因为理屈词穷出师不利，"啤酒肚"只好草草收场。

附录：郑庆扬《西南沙早期居民》(节录)

琼海渔民到西沙和南沙群岛从事捕捞生产有两种方式。一是季节性流动式，二是长期性定居式。季节性流动式就是大批渔民在冬春两季，驾驶渔船到西南沙众多岛礁之间从事流动性捕捞作业。长期性定居式就是少数渔民搭乘渔船到西南沙的某座岛屿或沙洲长期居住，一年甚至多年固定不变地在某岛定居而从事生产和生活。长期性定居式，其实就是琼海渔民说的"站峙"。

明清时期，到西南沙站峙的琼海渔民，就是西南沙群岛的最早居民。

自明朝至20世纪50年代，琼海渔民到西沙从事站峙的，绝大多数都经历过；而经历南沙站峙的，则仅是少部分。

1933年《广东琼东草塘港渔民申诉法占珊瑚岛九小岛书》记载：琼海渔民在清朝道光初年，已到南沙各岛屿建设房屋长期居住而从事渔业捕捞。

自古代至民国时期，琼海渔民因生活所迫，到南沙从事长期站峙作业的人数不少。可是，由于过去琼海渔民对南沙站峙司空见惯。站峙只是琼海渔民的一种出海谋生方式，具体谁去站峙，因为年代久远且没有流传早被人们淡记。而在清和民国时期到南沙站峙的一些人，个别老渔民还珍藏在记忆中，再者史料也有零碎记载。

从海南至南沙有一千多公里，往返一趟航期长风险大。因此，古时候凡是到南沙群岛站峙的渔民都有在那儿长期居住的打算。一般一住就是几年或十几年，甚至更久。

据《文昌县志》记载，20世纪三四十年代，文昌东郊上

<<<
黄昏

坡村陈鸿柏曾在双子礁居住18年，文昌龙楼宝陵大队符鸿辉、符鸿光（两人曾参加琼海潭门西南沙渔业公司，作者注）在南威岛住过十多年。

琼海潭门上教村的潘先柳、潘先銮两兄弟，在20世纪30年代到南沙的太平岛、南子岛、北子岛、鸿麻岛、中业岛居住有六七年之久。

据琼海市潭门镇文教村90岁高龄的老船长何良茂回忆：在20世纪30年代初，何良茂在王国昌船（当年渔船没有编号，潭门人习惯以船主名称呼其船）当伙计，该船曾把潭门上教村的潘先柳和潘先銮两兄弟，和他俩的舅父以及杨国贵（潭门汪洋村人）等4名渔民送到南沙的南子岛上站峙。当时，何良茂登上南子岛，还看见原来居住在该岛上的柯家裕（潭门镇草塘村人）等人。后来，王国昌船开靠南威岛，何良茂又看到符鸿光和符鸿辉等6人站峙在该岛。

根据民国时期对海南岛渔民的调查材料载：琼海县青葛和草塘（今琼海市长坡镇青葛村委会和潭门镇草塘村委会 作者注）渔民吴坤俊、李泮松等人在道光年间（1821—1851）到西沙、南沙捕捞海产。琼海县草塘港上教村（今琼海市潭门镇上教村 作者注）何大丰等二十余人以及潭门港（今琼海市

家的故事

潭门港 作者注）彭锡贤等人在同治年间（1862—1874）到西沙、南沙捕捞海产。潭门港渔民彭春仁、赵仕吉之父等人是在光绪年间（1875—1908）到西沙、南沙捕捞海产。他们分别在太平、西月、中业、双子、南钥、南威等岛屿建屋居住，挖水井、修地窖等。

1933年8月香港英文《南华早报》以《法国新岛屿》为题转载了一位法国作家在《图解》上的一篇文章，该文提到南沙群岛时说"来自海南岛的中国人已定居在这些沙洲小岛上，以捕捉海龟、海蛞蝓（海参）等为生"。

凌纯声《法占南沙诸岛之地理》记载：1930年，法军到南沙搞海测时，看到南子岛"有中国人7人，其中有两小孩皆来自海南岛"。

胡焕庸《法日觊觎之南海诸岛》记载：1933年法国军队入侵南沙群岛时，"九岛之中，惟有华人居住，华人以外别无其他国人。当时西南岛（南子岛）上计有居民7人，其中有孩童两人，帝都岛（中业岛）上，计有居民5人，斯柏拉岛（南威岛）上计有居民4人，较1930年且增1人。"

据吴凤斌《我国渔民对南沙群岛的开发和经营》记载：1933年法国军队入侵南沙群岛九岛时，在南威岛上居住的中国人就是文昌县龙楼公社宝陵大队符鸿光和符鸿辉等人。在双子礁（南子岛和北子岛 作者注）上居住的中国人，即琼海县潭门公社草塘港（今琼海市潭门镇草塘村委会 作者注）柯家裕等人。

过去，琼海渔民父子兄弟或亲戚朋友相邀合伙到西南站峙，一伙最少两人驻居一个岛屿，多者有七八人。琼海渔民乘搭渔船到西沙或南沙某座海岛站峙，登岸后的第一件就是在树林旁选一小块空地，搭一间棚子为安身立足之舍。20世纪30年代初，潘先銮等人到南子岛上站峙。为了防大风，住宿的棚子建在树林间。岛上十分寂寞，只听见单调的吱吱喳喳的鸟群嘈杂声，大海涛声也给鸟声淹没了。南子岛鸟多成灾，鸟多当然鸟蛋也多。站峙渔民都必遭受鸟蛋叮咬的折磨。

最早期站峙渔民搭建的草棚十分简陋，就地取材搭建的棚子呈金字形。这个棚子既是仓库又是住所。如果捕捞的海货逐渐多起来，下面就堆放晒干的海产品等货物，货物的上面才躺人休息。

在西南沙站峙，淡水的来源是渔民生活的首要问题。就地解决淡水的最佳方法，必须寻找地下淡水源。只要地下水的淡度还能食用是最好不过的事情。所以，在西南沙每座岛屿的站峙渔民都试过挖掘地下淡水。

19世纪60年代英国编著的《中国海指南》记载，西沙"林康岛（即东岛），岛之中央一椰树不甚大，并有一井，乃琼州渔人所掘，以滤咸水者"。

　　林金枝《中国人民对西南沙群岛物产开发的悠久历史》记载：据渔民说，西沙和南沙群岛的水井都是渔民先辈们挖的。在琛航岛东南，有一口井，井口直径约1米，井沿用木板铺设。据了解，这口井是海南岛琼海县潭门公社孟子园村（今琼海市潭门镇孟子园村 作者注）渔民王国彬于1919年前挖造，井面上有"王国彬造"字样。

　　南沙最大岛屿是太平岛，其面积不足半平方公里。据何良茂等一批老渔民回忆，海南渔民在该岛挖掘水井就有3口之多。

　　海南渔船开往南沙都是从西沙的浪花礁启航驶向南沙的双子群礁。双子群礁包括南子岛和北子岛。双子群礁既是海南渔船前往南沙的第一站，也是返航的最后一站。所以，相对于南沙的其他岛屿来说，居住在南子岛和北子岛交通较方便。而且，北子岛和南子岛上还有地下淡水源。所以，这两个岛屿常有渔民居住。渔民在这两岛上还挖了淡水井。南子岛之中就有水井2口，水清可以饮食。但由于岛上鸟粪的污染，其淡水味略带苦涩。

南沙群岛的太平中业岛、南子岛、西朋岛、南威岛等都有淡水井，都是海南渔民祖先所掘建。

　　这些井的水质虽可饮喝，但在南沙的岛屿和岛屿之间距离遥远。站峙人要从此岛渡达彼岛取水可能性不大。

　　南沙除了以上提及的岛屿有淡水井外，其余岛屿挖掘地下渗出的淡水水质都很差，不到迫不得已时尽可能不吃。要在没水井的岛屿取淡水的话，必须先到岛中心挖一个浅坑，可以见水就行，不能挖深，稍挖深水就咸。然后用一巴掌大的螺壳一点一点地舀水到埕子里。那水的颜色是金黄色的，像是树叶沤出来的水色。

　　在西沙，如果在永乐群岛的海域里，岛与岛之间较接近，尤其是有些岛屿较接近淡水甘甜的甘泉岛。如果站峙渔民有作业小艇的话，就可以利用艇到各岛礁捕捞之机，顺便到甘泉岛汲取淡水饮用。

　　如果站峙在没有淡水源或淡水源被污染了的岛屿上，站峙渔民的饮用水只能靠天了。因而，储藏淡水和节约用水也成了站峙人所必须落实的头等大事。

　　由于淡水的匮乏，下雨天是站峙人特别高兴的日子，也是他们最忙碌的时候。这时候必须搬出坛坛罐罐来盛水以储备吃用。

如果事先预知要下雨是最好，这样就可以把接雨水的器皿提前准备妥当。如果半夜下雨，尽管手忙脚乱仍然要起床冒雨接水。

　　接雨水的最好地点是开阔的草地和沙滩，渔民把接雨水用的帆布铺开，在帆布的四个角落各竖牢一根木柱，把帆布的四个角分别系到四根木柱上，约有几十公分高，使帆布的四边高中间低。这种主要用做船帆的帆布，密度较好，不容易渗水。降落到帆布里的雨水，渔民便倒到埕子中储蓄以长期食用。每次下雨所有的碗都要尽量盛满。更多的是用两三百斤重的大蚵壳积蓄雨水备用。

　　淡水蓄久了，便有寄生虫在水中跳舞，但是，渔民也顾不了那么多了，有虫的淡水也照样饮用。

　　对于开发西南沙的渔民来说，有两样东西最重要。一是淡水井，二是兄弟庙。淡水井是渔民们保证生存的物质依赖；兄弟庙则是渔民们祈求平安的精神寄托。

　　久居孤岛的琼海渔民，在挖掘建一口简陋的淡水井之后，接着考虑的就是在所住岛屿建座简陋的兄弟庙。

　　《广东琼东草塘港渔民申诉法占珊瑚岛九小岛书》记载：琼海渔民在清朝道光初年到南沙站峙，并建设兄弟公庙多所。

　　据胡焕庸《法日觊觎之南海诸岛》记载：南沙群岛的"九岛之中，惟有华人居住，华人以外别无其他国人……罗湾岛（南钥岛）上有华人所留之神座茅屋水井等"。

以上史料所提及的"兄弟公庙"和"神座"，就是"一百零八兄弟公"的庙宇和神位。

站峙人无论在岛上或下海都是同样的一丝不挂。如果有来船才临时挂一块巴掌大的遮丑布。南沙靠近赤道，温度最低时是农历一月。即使是一月，气温仍有摄氏 27 度。在烈日的长期暴晒下，站峙人的身体上中下三段同一个色调，都是黑亮黑亮的，唯有一口牙齿雪白。

久经太阳的暴晒和海水的浸泡，站峙人的眼睛是金黄色，头发也是金黄色，而且理发无法正常。站峙渔民理发的时间长短不一，主要看头发长的程度。若长如野人了，不理对生产和生活确实不方便了，才磨利菜刀，自己随便割短便算是理发了。

站峙渔民的生产活动，主要是白天从事行盘的浅海捕捞海参、公螺和蚵肉等海珍品。如果是海龟繁殖季节，晚上还要环岛沿岸巡视翻海龟。

琼海渔民到西南沙站峙，所从事的生活和生产活动，如盖造房屋、掘井汲水、修建庙宇等，都有力地证明，西沙和南沙群岛是我国琼海渔民自古站峙的地方。古代在西沙和南沙群岛站峙的琼海渔民，是最早的西南沙群岛居民。

好大一个家

九　段　线

　　好久以来，国人就形成一个根深蒂固的概念：中国版图的形状，就像是一只引颈啼叫的雄鸡。如果仅从陆地形态上来看，这无疑是一种十分形象的说法。但在守礁人和海军官兵眼里，中国版图更像一支熊熊燃烧的火炬。

　　一名长期研究中国海洋问题的海军大校，对此有着十分精彩的发挥。他说，陆地领土和海洋国土连在一起看，共和国的版图，是立在亚欧大陆东部的一把熊熊燃烧的火炬。960万平方公里的陆地领土，是这把火炬的腾腾火苗。从渤海、黄海经台湾以东海域至南沙群岛曾母暗沙，再上括到海南至北部湾，300多万平方公里的海洋国土，是这把火炬的托盘和手柄。

　　这是多好的象征啊！他接着解释道，如果说正在上演高速发展奇迹的这片土地是旺盛的火苗，那么，作为托盘和手柄的蓝色海洋将为它提供源源不断的燃料。还有什么比喻，能如此准确地表征新世纪中国大陆与中国海洋的依存关系呢？

　　反问过后，海军大校继续诘问，北京有天坛、地坛、日坛、月坛，观念非常明确，就是"普天之下，莫非王土"。如今在世纪坛，我们看到的仍然只有土地。海洋呢？

北京世纪坛，是一个用心良苦的跨世纪建筑物，这里有960块大理石铺设而成的圆形广场，面积正好是960平方米，代表着960万平方公里的国土。广场两侧各有一道流水，自然是中华民族的母亲河——长江和黄河的象征了。然而，占到陆地面积三分之一的大片蓝色国土，在这里却难觅芳迹。毫无疑问，世纪坛体现了从决策者、设计者到普通民众的常识，而我们的海洋居然就在这样的常识中"丢失"了。

令海军大校耿耿于怀的还有风行一时的《新编三字经》。版本超过100种，发行量动辄数千万册。不计本钱推行的"启蒙教育"，有些版本居然将清代的从高山到大海的国土表述，篡改为从昆仑到海滨。形形式式的版本中，真正着墨于海洋国土的也仅有六个字，"明珠串，西沙群"。经过专家集思广益的《新编三字经》尚且如此，可见海洋意识的缺失，已成了中华民族不得不面对的严峻问题。

中国造船专家、海军装备技术部原部长郑明少将曾为此大声疾呼：不能再这样糊里糊涂地过日子了。国家需要一个完整的科学的国家海洋战略，不能就事论事地处理事情，今天是马来西亚问题，明天是菲律宾问题，后天是越南问题，针对具体的争议，要有一个完整的、瞻前顾后的、眼光长远的、最终能解决问题的、能够有出路的海洋战略。这个战略需要国家层次的研究与决策，也需要发挥群众的智慧，大家一起来为国家分忧，为国家出谋划策。虽然这需要时间，但不能无限期地推延下去。

曾在博鳌"南海资源与两岸合作"研讨会上就南海渔业问题发表论文，其观点并为两岸学者广泛引用的吴壮，则从一个渔政专家的角度，谈及增强国民海洋意识教育中应该注意的几个问题。他认为，南海是世界上最复杂的海域，即便是担负着传播文化、传播知识的文化人和教育工作者，在许多概念上也是糊里糊涂的。譬如南中国海与我们惯常所说的"南海"有何分别？何为九段线？它是如何划分出来的？其法律地位又如何？对"历史性权利"的主张与区域合作是否存在必然的冲突？南海合作的前景又如何？如此，等等，都是一些存在着相当多误解的问题，很有必要厘清。

他说，有些问题或许过于深奥，但最根本的概念和常识还是应该具备的，否则，我们这一代人有何颜面面对祖宗和后人？

吴壮的话，对我们何尝不是一个鞭策。在这部书的采写过程中，我们发现，这是块十分难啃的骨头。尽管我们参加过巡航、守礁，也恶补过有关海洋尤其是南海方面的知识，并在农业部南海区渔政局档案室里查阅过大量案卷，但在写作中仍感头绪纷杂，左支右绌。

2009年3月，伊始到台湾访问，在台北诚品书店里，找到了一本《中国与南中国海问题》专著。该书分6部分，共汇集两岸学者关于南海问题的研究论文13篇。所涉及的问题有：海洋资源与海洋法的适用问题、海上安全与海洋法的关联问题、南海争端与区域合作机制的问题、海洋划界问题、水下文化遗产法律保护问题以及中国与东盟的关系问题。这六大问题，尽管尚无法涵盖中国与周边国家在南海上所面对的全部难题，但起码，它在一个比较大的范畴内，就当前遇到的这些具体问题，进行了详尽的分析并提出解决之道。

艰涩的文字有时也会显示出它迷人的魅力，如果它能够打开你视野的话。

在这里，我们试图以比较通俗的语言，对吴壮提出的几个问题，作一个粗浅的阐述和解读。首先，我们必须弄清楚的是南中国海的地理概念。南中国海（the South China Sea），是一个由中国（大陆和台湾地区）、越南、柬埔寨、泰国、马来西

<<<
在南沙群岛升国旗宣示主权

亚、新加坡、印度尼西亚、文莱、菲律宾包围的半封闭海，由于它被众多不同种族、文化、宗教所环绕，加之各国间政治、经济和社会环境的差异，这一区域所呈现出来的多样性，用学者的话来说，是"令人惊异"的。

南中国海是一片十分广阔的海域，横跨 24 个纬度——从北纬 3 度 30 分到北纬 27 度 40 分——处于太平洋与印度洋之间，并通过八个海峡和一条水道与两洋联结。东边的巴士海峡、佛德伊斯兰德水道、民都洛海峡、科纳伯坎海峡和巴拉巴克海峡，直通太平洋；南边的卡里马塔海峡、加斯帕海峡、邦加海峡和西南角的马六甲海峡，则直通印度洋。

由于对南中国海的科考尚处于初始阶段，迄今为止，有关南中国海的资料，还没有一份详尽可靠的权威报告。不同机构公布的数字各不相同，有些资料的差异甚至大得惊人。光就一个海洋总面积来说，有说 330 万平方公里的，也有说 350 万平方公里的，莫衷一是，让人无所适从。至于渔业资源密度和最大潜在可捕量，除了对南海北部海域尚有一个粗略的估计外，对其他海域"基本上是一无所知"。因此，当你读到某些统计数字的差异竟达一倍以上时，也就不足为奇了。

我们通常所说的"南海"（South Sea），指的是位于南中国海北半部九段线之内的海域，总面积约 200 万平方公里。九段线是海洋划界线。由于它是由九段互不相连的断续线组成，所以中国大陆习惯称之为九段线。台湾的叫法也很形象，叫 U 形线。九段线也好，U 形线也好，它们都是同一条海洋划界线。

对于九段线的法律解读，也是众说纷纭，见解各异。它到底是国界线、"历史性海域"线，"历史性权利"线、还是岛屿归属线或岛屿附近海域范围线，抑或是尚未定义的什么线，国内学界包括台湾学者至今仍没达成共识，但这并不意味着九段线缺乏应有的法律地位。

1958 年《中华人民共和国政府关于领海的声明》就明确宣布："中华人民共和国的一切领土，包括中国大陆及其沿海岛屿，和同大陆及其沿海岛屿隔有公海的台湾及其周围各岛、澎湖列岛、东沙群岛、西沙群岛、中沙群岛、南沙群岛以及其他属于中国的岛屿。"

声明再次重申中国对南海诸岛拥有不可争议的主权，同时也承认南海诸岛与中国大陆及其沿海岛屿之间隔有公海的客观现实。

九段线公布的年代是一个特殊的年代。

1945 年 9 月 28 日，美国总统杜鲁门发表宣言称："处在公海下但毗邻美国海岸的大陆架底土和海床的自然资源属于美国，并受美国管辖和控制。"自此，世界掀起了一个"海洋圈地"运动，沿海各国纷纷效仿美国，各自宣布自己的海权主张。

1947 年，当时的中国政府根据足够的历史证据，正式画出一条南海 U 形十一段线（20 世纪 50 年代初，取消北部湾的两段，余下九断，自此称"九段线"）。线内的水域是中国历代政府曾经行使管辖权的区域，也是中国渔民的传统捕鱼区域。

值得注意的是，中国政府公布南海划界线后，直至 20 世纪 70 年代后期，在整整 30 年内，周边国家非但没对此提出任何异议，有些国家——如越南——在官方的正式声明包括教科书、地图等国家出版物中，均承认西南中沙群岛属于中国领土。

其实，根据大量的史籍记载以及中国人在这些岛屿上遗留下来的水井、坟墓、庙宇和丰富的出土（出水）文物，也足以证明早在秦汉时期，中国人就已涉足这片岛屿并在上面长期生活了。

至于中国对南海诸岛行使管辖权的年代，迟至元代，南沙群岛已归中国管辖。《元史》地理志和《元代疆域图叙》对此均有明确记载。元朝水师巡辖南沙群岛的情况，也一并见录于《元史》。

明代《海南卫指挥佥事柴公墓志铭》，对当时海南卫巡辖西南中沙的盛况也有记录，"广东濒大海，海外诸国皆内属"，"公统兵万余，巨舰五十艘"，巡逻"海道几万里"。

清代历朝的《清直省分图》之《天下总舆图》、《皇清各直省分图》之《天下总舆图》、《大清万年一统天下全图》、《大清万年一统地量全图》和《大清一统天下全图》等经钦定的皇家地图，均将南沙群岛列入中国版图，并继续对南沙群岛行使行政管辖。

九段线公布之前的 1932 年和 1935 年，中国参谋本部、内政部、外交部、海军部、教育部和蒙藏委员会共同组成水陆地图审查委员会，专门审定了中国南海各岛屿名称共 132 个，分属西沙、中沙、东沙和南沙群岛管辖。

此外，中国对南沙诸岛拥有主权的事实，一百多年来，也一直得到国际的承认和尊重。略举数例：

1882 年，英国政府建议清政府在东沙设置灯塔。

1883 年，德国军舰在我西沙和南沙进行大规模的测量，因清政府提出抗议而离去。

1894 年，英国第三次修改的《中国江海险要图志》，把东沙群岛列为"广东杂澳十三"。

1923 年，英国海军部出版的《中国海指南》中说：帕拉塞尔（即西沙群岛）已经于 1909 年"归并"中国政府，并经常有中国帆船到此活动。

1930 年 4 月，中国、法国、菲律宾和香港当局均派出代表参加的远东气象会议通过决议，要求中国政府在西沙群岛上设立气象台。

1936 年，日本政府外务省发言人针对法国殖民主义者入侵西沙群岛的行动，指出："西沙群岛我们承认是属于中国的领土。"

1951 年，旧金山对日和约会议明确规定日本应放弃西沙群岛和南沙群岛。翌年，由日本外务大臣冈奇胜男签字的《标准世界地图集》，即根据上述和约规定把西沙、南沙以及东沙、中沙群岛全部标明属于中国。

1955 年 10 月，国际民航组织在马尼拉召开会议，美国、英国、法国、日本、加拿大、澳大利亚、新西兰、泰国、菲律宾、南越和中国台湾当局均派代表出席。会议通过的第24号决议，要求中国台湾当局在南沙群岛加强气象观测，与会代表没有任何人提出异议或保留。

1963年美国出版的《威尔德麦克各国百科全书》中说：中华人民共和国各岛屿"还包括伸展到北纬四度的南中国海的岛屿和珊瑚礁……包括东沙、西沙、中沙和南沙群岛"。

1973年出版的《苏联大百科全书》，明确指出南海诸岛是中国的领土。

1979年日本共同社出版的《世界年鉴》，也明确指出南海诸岛是中国的领土。

世界各国出版的地图和书籍，指明南海诸岛属于中国的还有许多，可谓浩卷繁帙，难以枚举。

尽管如此，"中国人从未无知地意图在南中国海北部主张'历史性海湾'的法律地位，中国的'历史性海域'的主张其实是一个非常温和和理性的权利主张"。法学博士、台湾著名学者傅崐成先生如是说。

与周边国家不惜强占他国领土强行开采南海油气资源的行径相比，中国政府在南海问题上，态度是相当克制的。傅崐成先生指出，中国政府公布的U形线不是连续线，而是断续线。

<<<
永暑礁

按照中国地图上陆地疆界的画法，断续线一般用来表示未与相关国家正式签订国界划界协定的界限线，从法理上来说，事实上仍存在着谈判的空间。此外，尽管南中国海中部的那土纳岛附近海域油气资源蕴藏丰富，中国并没有对该岛屿及其附近海域提出主权主张，同样地，中国也从来没有对暹逻湾提出过主权主张，尽管位于南中国海南部的暹罗湾水域广大，而且有着丰富的渔业资源。

"基于明确的历史证据，"傅崐成先生说，"中国（包括大陆和台湾）要求各国对于中国在南中国海北部的历史性权利给予尊重。不多也不少。这种历史性权利的实质内容包括了渔捞和航行管制。但是，值得注意的是，中国并没有在其 U 形线内的历史性水域中主张完全排他的航行利益，因为这样的权利并没有在历史证据中出现过。"

中国政府主张的"历史性海域"与"历史性权利"，是基于大量的确凿的历史证据，而周边的争端当事国却致力于"事实占有"。目前，在南沙群岛，处于中国人有效控制下的岛礁仅有 8 个。永暑礁、赤瓜礁、渚碧礁、华阳礁、南薰礁、东门礁、美济礁等 7 个岛礁为大陆所控制，太平岛为台湾所控制。两岸均宣称对南沙群岛拥有唯一的合法主权。

越南在南沙群岛占领的岛礁最多，达 30 个，它们是鸿庥岛、南子岛、敦谦沙洲、毕生礁、景宏岛、中礁、南威岛、安波沙洲、柏礁、北礁、西礁、无卫礁、日积礁、大现礁、东礁、六门礁、南华礁、舶蓝礁、奈罗礁、鬼喊礁、琼礁、蓬勃堡礁、广雅礁、万安滩、西卫礁、李淮滩、人骏礁等。越南同样宣称拥有南沙群岛全数岛屿的主权。

马来西亚占有弹丸礁、南海礁、光星仔礁、榆亚暗沙、簸箕礁。马来西亚宣称对南沙群岛北纬 8 度以南范围海域与岛礁拥有主权。

菲律宾实际控制马欢岛、双黄沙岛、费信岛、中业岛、仁爱礁、杨信沙洲、南月岛、北子岛、西月岛、司令礁 10 个岛礁。菲律宾同样宣称拥有南沙群岛全部岛屿的主权。

汶莱主张拥有南沙群岛中南通礁之主权，但未采取占领行动。

印度尼西亚未在南沙群岛占有任何岛礁，也未宣称拥有任何南沙群岛的岛礁，但印尼的纳土纳群岛 200 海里专属经济区东北部，与南沙群岛的 200 海里专属经济区有重叠之处。

从地图上可以看到，由于周边国家大肆实施"事实占有"的战略，南沙群岛已呈现出一种犬牙交错交相嵌入的格局。领土问题，无论是在国内还是国际上都是一个相当敏感的问题。偶尔的擦枪走火，都有可能引发一场或大或小的冲突。在这种情况下，南海问题有无可能通过谈判和平解决，南海合作的前景又将如何？如此，等等，无疑成了一个最难预测的巨大悬念。

"茶古线"与"白龙尾"北部湾

秋雨下的洋浦港，清新、妩媚。

眼前是烟雨蒙蒙的北部湾。

渔船在轻轻飞扬的深秋微雨里驶离港口，融入到蔚蓝色大海里。高大的洋轮、货轮、吊车，这座北部湾畔并没有因开发而一下大热的港口显得几分宁静。

漫步海边，看遥远的海平线，听北部湾轻微的涛声。北部湾静静地躺在蓝色的天空下，静若处女。无法用笔墨来形容这种静，静得让你觉得那是你追寻已久的心灵的归宿。

美丽的北部湾。然而她的美丽又带着几分忧伤。越战期间，美国就是从这里把他们的炮火倾泻在越南的土地上的。更早之前，则是法国人，占下了这片海湾。莫名其妙地遭受战火的侵袭。北部湾，这个姿色迷人的少女，一次次遭到抢夺。她唯有无语地暗自垂泪。

北部湾旧称东京湾，东临琼、粤，北抵桂南，西达越南，总面积约 12.93 万平方公里，不但是中国通往东南亚的海上交通要冲，而且是南海传统渔场和油气资源丰富地区。

中越两国山水相连，又有历史遗留下的藩属关系，在清末以前，北部湾无所谓划界问题，中越两国的渔船均可自由作业于北部湾整个海域。

1894 年，中法战争爆发，中国战场上获得胜利。然而，虽胜犹败，胆小怕事的清朝政府承认了法国对越南的"保护"。1887 年，清朝政府和法国签署了《中法续议界务专条》，划分了两国陆地边界。

这个条约划分了北部湾岛屿的归属，北部湾海域的归属这时却没有划分。

当时中方主持勘界、条约事务是两江总督张之洞、广西勘界事务大臣鸿胪寺卿邓承修，这是两个聪明人。他们的心中有他们自己的算盘。越南在历史上水师便十分孱弱，从来没有实际控制过北部湾，而且中国以往和外国签署的类似不平等条约，也只划分陆地，未划分海洋归属。

张之洞便给邓承修下达了指示:"海界只可指明近岸有岛洋面,与岛外大洋无涉,缘大海广阔,向非越所能有。若明以属越,浑言某处以南或以西,则法将广占洋面,梗多害巨,宜加限制,约明与划分近岸有洲岛处,其大海仍旧,免致影射多占。"

张之洞觉得,如果在条约中明确划分海域归属,将导致法方"广占洋面",侵害中国的渔业利益。当时两广有多少渔船靠着这个北部湾吃饭呢。

最终条约中不涉及海域,只在第三款提到海中岛屿划分如下:

至于海中各岛,照两国勘界大臣所画红线,向南接画,此线正过茶古社东边山头,即以该线为界(茶古社汉名万注,在芒街以南竹山西南),该线以东,海中各岛归中国,该线以西,海中九头山(越名格多)及各小岛归越南。

这条"红线",就是俗称的"茶古线",载于该条约第二款,系"巴黎子午线东经105°43′",即格林尼治子午线东经108°03′13″。从条约全文可以看出,这条线仅仅用于标明岛屿归属，并不涉及领海划分问题。

现在通行的国际领海标准为 12 海里，而条约签定的时候领海标准是以岸炮最大射程划定，通常为 3 海里，法国使用 4 海里标准。那个时候，海洋除了能打渔外，更多的功用人们也还没想出来。而当时的标准，北部湾大部分属于公海，中法也无权将它们分割。

这条线不涉及北部湾海域归属，法方特别强调这一点，1933 年 9 月 27 日专门照会中国驻法公使馆重申这一原则。因为这条"茶古线"如果不规定极限而任意延伸，中方完全可借此认定南海中许多越南的岛屿，甚至"越南本陆之大部"属于中国，法国人当然不愿意这样。双方一致认定，这条线只适用于北越的芒街区，是"划分芒街区域之中越界线"。

在当时的中法双方，套一句现在的话来说，是达到了"双赢"。

是与人方便，与己方便，法国凭借优势海军，可以利用北部湾"公海"获得更广泛活动范围；中方则可利用此条件，在北部湾大部分海域捕鱼。

就是这一"模糊处理"的"双赢"局面，在 100 年后，引发了中越两国漫长的北部湾海域划界纠纷。

<<<
永暑礁

　　1973 年 12 月 26 日，北越政府要与意大利公司签署北部湾石油开发协议，可是哪里是你的海域！没有划界，怎样与人合作？越南建议和中国进行海域划界谈判。1974 年 1 月 18 日，中方答复同意谈判。

　　谈判可以，但有个要求：双方均不得在北部湾中心东经 107° ~ 108°、北纬 18° ~ 20° 的一个长方形区域内进行勘探活动，也不准任何第三国在湾内进行勘探。北越接受这些条件，暂停与意大利、日本、法国石油公司进行勘探谈判。

　　1974 年双方开始首次谈判，但无果而终。

　　越南人着急啊。北部湾的石油，他们好像急着要把它变现，等着钱花呵！1977 年又开始第二次谈判。这个时候的中越关系已经开始紧张了。这第二次谈判就没办法谈下去了。

　　1992 年中越关系正常化，谈判重开，至 2000 年，9 年间双方共举行了 7 轮政府级谈判、3 次政府代表团团长会晤、18 轮联合工作组会谈及多轮的专家组会谈，平均每年举行 5 轮各种谈判或会谈。直至最终达成协议，整个北部湾海域划界谈判历时长达 27 年。

　　在这艰难的谈判过程中，绕不过去的是"茶古线"和"白龙尾"。

越南坚持"茶古线"是适用于整个北部湾海域划分的界线，这条该线距离越南海岸有 130 海里之遥，而距离中国海南岛最近之处仅 30 海里，如果依此为界，则北部湾 2/3 海域将属越南所有；中方则根据《中法续议界务专条》相关条款，认定"茶古线"仅是"划分芒街区域之中越界线"，不应凭此划定北部湾海域归属。

　　另一个就是白龙尾岛。

　　在北部湾中线略偏越南一侧，有一座面积近 5 平方公里的白龙尾岛，与其他南海诸岛不同的是，其他岛屿都是珊瑚岛，而白龙尾岛则是大陆岛，上面有山川河流，茂密的森林，宛如缩小了的海南岛一般。广西、广东、海南渔民有时也称该岛为海宝岛。该岛近岸浅海宽阔，且为片礁海底，盛产鲍鱼，被称为海鲍岛，音转而为海宝岛，可以说是浮水洲岛的一个别号。夜莺岛则是明、清以来，乃至民国、中华人民共和国成立初期，官方图书对该岛的称谓。

　　西汉的汉武帝朝时期我国开始对白龙尾岛进行管理，取名"浮水洲"，1883 年 12 月至 1885 年 4 月（光绪九年十一月至十一年二月）中法战争后，被法国强占。1940 年又被日本强占。1945 年日本无条件投降，我国一度收回白龙尾岛。岛民分住在两个村庄，大村名"浮水洲村"，小村名"公司村"。岛民生计以近岸渔业为主，用极简陋的工具，裸体潜水采捕鲍鱼、海参，加工成干品，销往中国内地，换取粮食及其他日用品。也经营农业，全岛共有耕地500余亩，种植旱稻、蕃薯、高粱、豆类、蔬菜、西瓜等，粮食不能自给。1931年，儋县蒲公才、蒲文江、陈有德等热心实业的人士，曾集资成立开发公司，在该岛大规模种植西瓜，这正是"公司村"得名的由来。

1955年7月，中国人民解放军在岛上登陆，设立了区级的广东省海南行政区儋县人民政府浮水洲办事处，并建立中共儋县委员会浮水洲工作委员会和中国人民解放军海南军分区浮水洲守备大队。

1959年，为了支援越南的抗美战争，周恩来和越南总理范文同签署协议，将我国北部湾里的白龙尾岛（越南称夜莺岛），出借给越南政府，让其在上面修建雷达基地，作为预警轰炸河内的美国飞机，同时作为中国援越物资的转运站。

越方认为，白龙尾岛是"中国代为解放的越南领土"，并希望以该岛为基线划分北部湾海域，如果此条成立，则越南可多得1700多平方海里的海区；而中方则认为该岛居民大多为中国人且几乎都是汉族，传统上应属中国所有，双方对于该岛是否应作为北部湾划界基点、领海和专属经济区范畴等，也存在争议。

有争议，就需要谈判。

划界有划界的原则，国际上有所谓"公平原则"，而这个原则的展开则是依据各自对这个原则的理解。

"历史性所有权"的法律概念，早在 20 世纪初被提出，最初适用于"历史性海湾"，后来延伸到在"历史性水域"的适用。"水域"比"海湾"的范围要宽泛许多。

历史性海湾是指那些海岸属于一国，虽其湾口宽度超过了领海宽度的两倍，但沿岸国对其享有历史上的权利并一向被承认为是其内海的海湾。也有一些国家主张历史性海湾为其领海。最先使用"历史性海湾"这一概念是在 1901 年，当时由于北大西洋沿岸渔业仲裁案的判决而引起了各国国际法学家之间的争论。国际法学会通过投票赞成领湾的入口宽度为 12 海里，但也承认入口较宽的海湾，如果在一百年以上被视为领海的，亦具有领海的性质。

联合国秘书处于 1962 年公布了《历史性水域，包括历史性海湾的法律制度》，这份文件引述了英国和挪威之间的渔业法案，来支持"历史性水域"不限于海湾，明确提出了成为"历史性水域"的主要因素是：主张"历史性所有权"的国家已对该海域行使权力；行使该权利应有连续性；该权力的行使须获得外国的默认。

在 1982 年通过的《公约》上，写进了"历史性海湾"、"历史性所有权"和"特殊情况"，继续赋予"历史性所有权"以"例外条款"地位，再一次肯定了"历史所有权"的特殊性、合理性和合法性。

《公约》特别指出：在因为"历史性所有权"或其他情况下，可以应用不同于一般的方法来划定两国的领海界限。

"历史性所有权"，其"历史性"表现为这项权利的取得先于现代海洋法制度的建立，并且现代海洋法制度确立之际仍然在国际上受到普遍承认。因此关键不在于"时间的长短"，而是"顺序的先后"。历史性权力的概念，由国际习惯法支配，以占有为依据；在根据现代海洋法规则划界时，历史性所有权本身仍须予以考虑；总的原则是，历史性所有权应当得到尊重，并应保留其长期以来被行使的原貌。

中越在北部湾的划界并不是基于历史性水域，而是依照《公约》为核心的现代海洋法制度进行划界。在划界过程中，越南在意识到它坚持历史性水域不可能的情况下，放弃了 1887 年清朝和法国确定的 108°3′13″分界。早在 1977 年越南政府发表了关于建立越南领海、毗连区、专属经济区和大陆架的声明中，也没有表明北部湾是它的历史性水域。

按照以 1982 年签字、1994 年生效的《联合国海洋公约》为核心的现代海洋法制度、沿海国可拥有宽度为 12 海里的领海、200 海里的专属经济区和最多不超过 350 海里的大陆架。

北部湾是个比较狭窄的海湾，最宽处也不超过 180 海里。根据《公约》规定，两国在北部湾的专属经济区和大陆架全部重叠，必须通过划界给予解决。可以说，整个北部湾都是中越权益主张的重叠区。

实际情况也说明，随着专属经济区制度在各国逐渐推广，由于没有一条明确的北部湾分界线，双方渔民的传统捕鱼权受到冲击。随着捕鱼技术的进步，在北部湾，中越双方的渔业纠纷也日趋增多，这不仅使渔民的利益受到损害，也影响到两国关系的顺利发展，两国为了解决这些问题，所以需要尽快解决划界问题，并建立新的渔业合作机制。

就在这种又急着要划界又有争议的情况下，磨了 27 年，划界协定才艰难出世。

<<<
永暑礁营房

　　2000年12月25日，中越在北京正式签署中越《关于两国在北部湾领海、专属经济区和大陆架的划界协定》和《北部湾渔业合作协定》。2004年6月30日，两协定同时生效。

　　根据划界协定，中越北部湾的领海、专属经济区和大陆架的分界线共由21个坐标点相续连接而成，北自中越界河北仑河的入海口，南至北部湾的南口，全长约500公里。

　　协议基本采纳了中方提出的两国在北部湾总体政治地理形势大体平衡的观点，按照越南外长阮颐年提供的材料，最终中越各得北部湾面积的46.77%和53.23%，越方未再坚持以白龙尾岛等岛屿为基点，最终白龙尾岛只享有12海里周边领海和3海里专属经济区，而另一座离越南陆地13海里、属于越南的昏果岛，则在划定大陆架、专属经济区时只享有50%效力。

　　协议划定了时效15年的跨界共同渔区，面积为3万多平方海里；规定双方均有权在各自的大陆架上自行勘探开采油气或矿产资源。但对于尚未探明的跨界单一油气地质构造或跨界矿藏，参照各国的划界条约和实践，双方约定应就此进行友好协商，达成合作开采的协议。

附录:《南海各方行为宣言》

中华人民共和国和东盟各成员国政府,重申各方决心巩固和发展各国人民和政府之间业已存在的友谊与合作,以促进面向 21 世纪睦邻互信伙伴关系;

认识到为增进本地区的和平、稳定、经济发展与繁荣,中国和东盟有必要促进南海地区和平、友好与和谐的环境;

承诺促进 1997 年中华人民共和国与东盟成员国国家元首或政府首脑会晤《联合声明》所确立的原则和目标;

希望为和平与永久解决有关国家间的分歧和争议创造有利条件;

谨发表如下宣言:

一、各方重申以《联合国宪章》宗旨和原则、1982 年《联合国海洋法公约》、《东南亚友好合作条约》、和平共处五项原则以及其他公认的国际法原则作为处理国家间关系的基本准则。

二、各方承诺根据上述原则,在平等和相互尊重的基础上,探讨建立信任的途径。

三、各方重申尊重并承诺,包括 1982 年《联合国海洋法公约》在内的公认的国际法原则所规定的在南海的航行及飞越自由。

四、有关各方承诺根据公认的国际法原则，包括 1982 年《联合国海洋法公约》，由直接有关的主权国家通过友好磋商和谈判，以和平方式解决它们的领土和管辖权争议，而不诉诸武力或以武力相威胁。

五、各方承诺保持自我克制，不采取使争议复杂化、扩大化和影响和平与稳定的行动，包括不在现无人居住的岛、礁、滩、沙或其他自然构造上采取居住的行动，并以建设性的方式处理它们的分歧。

在和平解决它们的领土和管辖权争议之前，有关各方承诺本着合作与谅解的精神，努力寻求各种途径建立相互信任，包括：

（一）在各方国防及军队官员之间开展适当的对话和交换意见；

（二）保证对处于危险境地的所有公民予以公正和人道的待遇；

（三）在自愿基础上向其他有关各方通报即将举行的联合军事演习；

（四）在自愿基础上相互通报有关情况。

六、在全面和永久解决争议之前，有关各方可探讨或开展合作，可包括以下领域：

（一）海洋环保；

（二）海洋科学研究；

（三）海上航行和交通安全；

（四）搜寻与救助；

（五）打击跨国犯罪，包括但不限于打击毒品走私、海盗和海上武装抢劫以及军火走私。

在具体实施之前，有关各方应就双边及多边合作的模式、范围和地点取得一致意见。

七、有关各方愿通过各方同意的模式，就有关问题继续进行磋商和对话，包括对遵守本宣言问题举行定期磋商，以增进睦邻友好关系和提高透明度，创造和谐、相互理解与合作，推动以和平方式解决彼此间争议。

八、各方承诺尊重本宣言的条款并采取与宣言相一致的行动。

九、各方鼓励其他国家尊重本宣言所包含的原则。

十、有关各方重申制定南海行为准则将进一步促进本地区和平与稳定，并同意在各方协商一致的基础上，朝最终达成该目标而努力。

本宣言于 2002 年 11 月 4 日在柬埔寨王国金边签署。

签署人：

中华人民共和国外交部副部长兼特使 王毅

文莱达鲁萨兰国外交大臣 穆罕默德-博尔基亚

柬埔寨王国外交大臣 贺南洪

印度尼西亚共和国外长 维拉尤达

老挝人民民主共和国副总理兼外长 宋沙瓦

马来西亚外长 赛义德-哈米德

缅甸联邦外长 吴温昂

菲律宾共和国外长 布拉斯-奥普莱

新加坡共和国外长 S-贾古玛

泰王国外长 素拉杰-沙田泰

越南社会主义共和国外长 阮怡年

南海上的另类奇观

自黄岩岛直航南下，明天一早巡航编队将进入南沙群岛海域。南沙群岛由 230 多个岛礁、沙洲和暗沙组成，其中露出海面的岛礁、沙洲有 36 个。南沙群岛海域不但是我国最大和最具开发潜力的热带渔场，而且油气资源和矿藏资源非常丰富。据中国权威部门初步估计，在"九段线"两侧，一些油气沉积盆地的沉积厚度达数千米甚至上万米。目前已探明的具有开发前景的沉积盆地有 8 个，总面积达 41 万平方公里，油气总储量估计 600 亿吨，而在"九段线"我方一侧内的总储量约 420 亿吨，开采前景非常广阔。此外，海床下还蕴藏着锰、铜、镍、钴、钛、锡以及钻石等重要矿产资源，开采前景同样相当诱人。

经过一天的航程后，七时许，抵近仁爱礁。

仁爱礁是一个长条状的环礁，南北长 15 公里，东西宽 5.6 公里。低潮时礁盘大部分露出。南环礁断成数节，形成若干礁门，30 吨级船只可以经此进入潟湖。

仁爱礁的名称与南海的其他岛礁一样，也是几经变更。1935 年中国政府宣布该礁名称为汤姆斯第二滩，1947 年宣布为仁爱暗沙，1983 年宣布仁爱礁为标准名称。有些外文图书称其为 Second Thomas Shoal。有意思的是，海南岛的渔民习惯称之为"断节"，以状名之，实在是形象生动。

此刻，出现在团员们眼前的并不是礁盘，而是一艘报废的

<<<
永暑礁以地方命名菜地

大型登陆舰。黑黝黝的，十分刺目。原来，这是菲律宾政府的"杰作"。受掣于有限的国力，而又要抢得先机，他们只好将一艘破旧的大型登陆舰开上礁盘，以搁浅坐滩为借口，实现对该礁的"事实占领"。

从望远镜里望去，空荡荡的甲板上搭着几间歪歪扭扭的小木屋，好一派土洋结合的景象。甲板上毫无动静，海面上也见不到游弋的军舰，与黄岩岛的一触即发恰成鲜明对照。团员们纷纷举起相机、摄影机，为这"海上奇观"立此凭照。

仁爱礁坐滩成功后，菲律宾军方又故伎重演，于1999年11月3日，以机舱进水为由，将一艘舰号为"507"的坦克登陆舰开上黄岩岛泻湖入口处的浅滩，企图以同样方式占领黄岩岛。

中国人的忍耐是有限度的。这一回，中国外交部作出了强烈反应。"507"坐滩后的第三天，当时的外交部部长助理王毅就正式向菲律宾驻华大使提出严正交涉。尔后，外交部发言人章启月在答记者问时再度重申："黄岩岛自古以来就是中国的领土。中文要求菲方切实履行承诺，立即停止对中国领土黄岩岛的一切侵犯行径。"与会记者注意到，章启月使用了一个非同寻常的词组："侵犯行径。"显然，这是一个不容漠视的强烈信号。

1999 年 11 月是个非同寻常的月份。月底，东盟国家将与中、日、韩三国领导人举行第二次非正式会晤（习称"10 + 3"），而另一个"10+1"，也就是东盟与中国领导人的非正式会晤也将在菲律宾首都马尼拉举行。当时，中国政府总理朱镕基已预定出席这两次会晤并对菲律宾进行国事访问，中菲双方也正在为朱镕基总理访菲进行紧锣密鼓的准备。菲律宾坦克登陆舰坐滩黄岩岛的事件，无疑给正在不断改善的中菲外交关系投下了阴影。为此，中国外交部态度鲜明地向菲方提出，立即拖走坐滩的"507"号坦克登陆舰。

11 月 24 日，陪同朱镕基总理出访菲律宾的王毅约见菲外长西亚松，再次要求菲方履行此前的承诺，尽快拖走军舰；11 月 26 日，陪同访问的外交部新闻发言人朱邦造在马尼拉举行记者招待会，在回答记者提问时说，中方已就此事向菲方提出交涉，菲方也多次承诺将拖走搁浅的军舰，"希望菲方恪守承诺，这对菲方是否守信是一个考验"。

在中国强大的外交压力下，菲律宾外长不得不对菲海军计划占领黄岩岛的行动作出公开否认，"我们已经作出承诺，我们将把该军舰拖离该地区"。

11月29日，就在朱镕基总理结束对菲国事访问的这一天，当朱镕基总理踏上飞机舷梯的那一刻，坐滩将近一个月的"507"号坦克登陆舰，终于被菲律宾海军拖离了黄岩岛。

其实，坐滩也罢，"卡拉延"也罢，菲律宾政客在黄岩岛问题上玩弄的种种把戏都是徒劳无益的。举世周知，界定菲律宾领土范围的三个条约，即1898年的巴黎条约、1900年的华盛顿条约和1930年的美英条约都明确规定，菲律宾领土范围的西部界限在东经118度，而黄岩岛位于东经117度44分至117度48分，属于中国中沙群岛组成部分；菲律宾国内的1935年宪法、1961年领海基线法以及菲律宾1971年之前的政府文件也一直确认三个条约所规定的这一西部界限；1999年之前经菲律宾政府审定出版的国家地图，也从来没将黄岩岛划入菲领土范围之内。

脚下没有大地，有块木板也好。菲律宾政府又转而提出另一个"法律依据"：黄岩岛位于菲200海里专属经济区内，菲对其有海洋管辖权。这块"木板"同样立不住脚。它违反了国际法，也违反了《联合国海洋法公约》的原则。根据国际法的基本原则，陆权决定海权。领土主权是海洋管辖权的基础，海洋管辖权是从领土主权派生的权益。黄岩岛的问题是领土主权问题，专属经济区的开发和利用是海洋管辖权问题，两者的性质和所适用的法律都截然不同，不可混为一谈。菲律宾试图以海洋管辖权侵犯中国领土主权的行径，无疑是对国际法的公然冒犯。

此外，《联合国海洋法公约》也明文规定：《公约》有关海洋管辖权的规定并不适用于解决领土主权问题。沿海国在专属经济区内只享有以勘探和开发专属经济区内自然资源为目的的权利，他国领土的法律地位并不因此而受到任何影响。根据《公约》，在有关国家的专属经济区发生重叠的情况下，一国单方面宣布 200 海里专属经济区的行为是无效的，中菲之间各自专属经济区的范围应由双方依据国际法准则和规定协商划定。

万般无奈之下，菲律宾政府只好索性颁布新的"领海基线法案"，强行将中国的黄岩岛和南沙群岛部分岛礁划入菲律宾版图。自然，这已是这次巡航之后的事情。用一句不客气的话来说，这种行径，不说是狗急跳墙，也该是一厢情愿一意孤行了。

一直密切关注中国海洋问题的台湾著名学者傅崐成对此早有警惕，十多年前就已撰文指出："中国在其 1947 年 U 形线内的岛礁及其 12 海里领海享有主权，一如印尼在那土纳岛及其领海里享有主权一模一样，不容含混其词地一笔带过。那些窃占了中国领土的国家应该知道，国际法永远不会而且也不应该会容许他们的非法占有随着时间的流转，被转换成合法的权利。"

深谙国际法、海洋法和英美契约法的傅先生并指出："国际法从未允许任何国家以时效（preescription）取得对领土的主权。即使在看起来好像是如此的帕马斯岛（lsland of Palmas）案和东格林兰岛（Eastern Greenland）案中，事实上法官也没有承认时效取得的国际法概念。如果国际法真的承认了时效取得领土主权的规律，那么这个世界必然将面对更多而非更少的冲突。"

和平之海，合作之海。这是个可以为之奋斗的理想，还是个遥不可及的乌托邦？它不仅值得中国人深思，也值得周边国家的政治人物深思。

美济礁三日

如果说前段航程是一段带着隐痛的理性航程，那么，在美济礁的日子，便是一段令人难忘的感性时光。伊始的日记，或许能带领我们再度走近守礁人，走近那多少有点神密的海天一色的世界。

2006 年 5 月 29 日

离开仁爱礁后，船只折向西北，直奔美济礁。两礁直线距离 14 浬，可谓近在咫尺。

8 时 45 分，美济礁遥遥可望；9 时，建在礁盘上的红顶白墙式样别致的海上避风设施清晰可辨；9 时 20 分，担任守礁任务的中国渔政 301 船徐徐向我编队靠拢。血脉喷张。不只是终于抵达充满英雄传说的美济礁，更重要的是，我和我所熟悉的一帮渔政兄弟行将相聚于云飞浪卷的南沙。

拥有航母般身材的 301 船船长林吉要、一本正经而又十分搞笑的 02 首长蔡称、手脚勤快、口齿伶俐的帅哥大副王汉楚、守礁两千多天的"最高纪录保持者"徐伟进，再加上 302 船的口水佬船长陈和兴、黑得像炭头似的水手长杨虾佬、以"美济歌王"享誉总队的二副林带伟……这些家伙一旦聚在一块儿，不把天闹翻了才怪。

我期待着，期待着狂欢的一刻。

<<<
永暑礁营地

9时30分，考察慰问团分乘3条快艇慰问中国渔政26船全体成员。

14时30分开始，相继慰问301船守礁人员和粤台山62175船渔民。

以前总把渔家生活想象得很浪漫，上了船才知道，渔船上的劳动条件和生活条件其实十分恶劣。船长年近四十，背有点驼。神情刻板，满脸沧桑。污迹斑斑的汗衫领口，露着一截金灿灿的粗壮颈链，结果反将脖子上层层叠叠的皱纹衬托得愈加深刻。62175也算是条大船。船上的睡舱却十分狭窄，除了一张六七十公分宽的床铺，舱里已无转身之地。床头床尾堆满了杂物，最显眼的是一架小型台式电风扇。船长舱稍奢侈些：一台陈旧的窗式空调，一如脖子上的金项链，算是一种地位的点缀吧。

据守礁人员介绍，近年到南沙打鱼的中国渔民减少了。油价飞涨，往年一个航次的鱼获，能卖20万元就有赚头，现今却只能保本。越南的渔船反见其增，就连以往绝少涉足的东沙群岛海域，最多时竟来了几十艘渔船。

动力来自大手笔的政府补贴。尽管国家穷，但他们的政府却通过经济手段，大力鼓励渔民到西中南沙作业。不得不承认，这是颇有远见的一着。在西中南沙群岛海域，渔业生产已非单纯的捕捞作业，它早就赫然打上国家主权和海洋权益的烙印。

晚饭在 301 船吃。丰盛无比：老虎斑、红鲷、铁甲鱼、三线、石斑王……仿佛上了一堂鱼类课。林船长一边介绍，一边给我们夹菜。全是最好的部位。在广州永远也别想吃上这么鲜美的海鱼，哪怕同样是在南沙捕获的，一经加氧运输，味道就差远了。

2006 年 5 月 29 日

慰问海上避风设施守礁人员。见到 03 首长。板刷头，矮小精干。年纪还轻，守礁的年头却不短。相约 7 月，上岸后好好给我们侃一侃守礁人的故事。

下午，到 301 船探望林船长。我俩都属鼠，我大他一轮，整 12 岁。不知为什么，在他面前我总也找不到当大哥的感觉。真是天生的船老大。

开会不吭不哈，侃起海来却眉飞色舞：

"钓鱼？我才不会坐在小艇上等鱼儿上钩呢。听说过水下相亲么？看着顺眼，合心水的，才拿诱饵去逗它。面对面来，不搞背靠背。"

"水下捕鱼也有不用诱饵的，用药，稀释过的氰化钾。有些渔民就这么干，专拣大石斑、大青衣那些卖得起价钱的鱼下手。别以为鱼越贵越能吃出身份，万一吃上这种毒鱼，全身骨头发痛。刚来守礁那阵子，我们就中过招。啥都不懂，稀里糊涂的也不知哪来的毛病。"

说不完的故事。水下捕鲨。智斗章鱼。闻所未闻，精彩绝伦。

告辞时，船长说今晚过来吃宵夜。

16时，随302船轮机长王伟明下海钓鱼。晚霞绚烂。水天交接的地方，有如传说中的宣德铜炉，闪耀着令人迷醉的金属光泽。地球是圆的。相信只有此刻，只有身处于茫茫大海之中，才能最真切地感受到地球所呈现出的雄浑而又不失秀巧的弧线和坡度。天渐渐地黑了下来，当天边那一线跳动着的炫目金线终于隐入海中的时候，仿佛隆然一响，天穹呼地升了起来，几乎同时，像是有人按下一把巨大的电掣，闪着珐琅般光泽的深邃天幕，霎时闪闪烁烁，星光满天。

夜钓开始了。海流很急，放了二三十米的鱼线还够不着底。轮机长提醒我们，坠子沉不下去，鱼儿不会上钩。要判断坠子是否到底，全凭指头的感觉。每抛一次钓，总得请轮机长或是艇上的水手掂量掂量，他们说行了，才紧攥长线，等待着那沉沉的一拽。

头一遭体验海中夜钓，太兴奋了。大呼小叫。常常以为钓到大鱼了，结果是鱼钩卡在礁盘上。

我贪心，总想一鸣惊人，像钓鱼大王杨虾佬那样一家伙钓上条百把十斤的大鱼。适得其反。挑了一个最大的鱼钩，结果却连个虾毛也钓不着。倒是拿小钩的郭蕤和两位女团员，钓了几条三四指大的小鱼。轮机长和水手经验老到，鱼儿频频上钩。不到一个时辰，筐里已经有了十来斤鱼。凯旋而归。

301船的宵夜跟昨天的晚餐一样丰盛，不同的是，多了一条十多斤的风蟮。用鱼叉逮的。

除了船上的大小头儿，303船的船长、二副、水手长和302船的轮机长都来了。林船长端坐上席，俨然他们中的老大。

杨虾佬指着摆得满满的餐桌，操着浓重的水东口音说："全都是活凼的，死鱼一条都不要。"还说，"海里的鱼是我杨虾佬的，几时想吃几时捞，简直易过借火，点解要吃死的?"

不知是南沙的海鲜太鲜美，还是友情可以解酒，连喝了二十多杯高度白酒，竟还和没喝一样。小东耍奸，喝了几杯白酒后改喝红的。理由倒充分，皮肤过敏。放他一马。

　　轮机长王伟明就没那么好运了。酒到酣处，兄弟们纷纷拿他带女团员出海夜钓说事。女人，永远是守礁人的热门话题。有人起哄，有本事带人下海，该有本事把人请过来。

　　行。轮机长一按桌子站了起来。一脸自豪。

　　林船长把面前的碗筷一推，挺着胸膛说，赶快收拾，全部撤掉。跟着手一挥，烤日本鱿鱼。是俗称还是杜撰，不清楚。所谓的"日本鱿鱼"，该是巨鱿吧？从来没见过肉身如此之厚、肉质如此之嫩、味道如此之美的鱿鱼。

　　如果说他们把我和小东视为兄弟，那么款款而至的两位女性便是上宾了。全体起立，热烈鼓掌。致欢迎辞，然后音乐响起。现今策划一台晚会动辄百万千万，且多是自己喝彩，观众反应冷淡。该让他们见识一下这场临时拼凑的"美济礁之夜歌舞晚会"。虽是自由发挥，却全情投入，处处出彩。

　　大副王汉楚，妙语连珠，衔接自然，堪称金牌主持人；02首长蔡称，即席评点，亦庄亦谐，当之无愧的首席评委；船长林吉要，嗓音宏亮，舞步轻盈，比帕瓦洛蒂多了一手绝活；二副林带伟，浅吟低唱，声情并茂，如假包换的"美济歌王"；另一位船长陈和兴，虽没参与演出，却从头至尾手舞足蹈，连声喝彩。当然，还忘不了咬着老大的耳朵大声说话。第二天，林船长不得不苦笑着对人说，这家伙的口水，把我耳朵都灌满了。

同舟共济，该是500年前修来的缘分。否则，不会玩得这么疯，这么痛快。

2006 年 5 月 30 日

12 时，发现美济礁外 5 浬处有不明漂浮物。从望远镜里看，很像一艘渔船。

船只一直在缓缓漂流。显然，它已失去动力。是机器故障，还是又遭武装掠劫？联想起不久前琼海潭门渔民在这一带海域被不明身份武装人员枪杀的报导，不禁令人寒而栗。

兵贵神速。两艘快艇载着渔政执法人员向目标飞驰而去。

大约 20 分钟后，对讲机报告，漂浮物并非渔船，而是一团交缠着的剑麻、杂草和树木的庞然大物。据推断，应是由海岸塌方形成的。

在岸上，这事够得上奇闻异趣，佐酒谈资。可在守礁人眼里，却平常得很。有疑点，就是有情况；不把疑点搞清楚，就是失职。

17 时，告别美济礁。301 船围绕 303、302 船缓行一周，

<<<
永兴岛上的岛史陈列馆

以示送行。汽笛此起彼伏，互相呼应。也许是有点伤感，此刻，在我听来，低沉浑厚的汽笛声，就如男人强压在胸腔里的噎哽。西斜的阳光依然十分强烈。林船长神情穆然，庞大的身躯斜依在驾驶楼前的舷板上。王大副挺立于船艏，俊拔的身材宛若一尊雕像。02首长率队列于后甲板，同样是一脸肃穆。

久久地挥动双手，谁也不愿放下。

望着渐渐融入晚霞中的美济礁，心情仍起伏难平。刚才，其实应该由我们巡航编队在301船的锚泊地绕行一周，以示对守礁人的深深敬意。我们只余下七天的航程，而他们还要在这高温高湿高盐的环境下坚守两个月。如果只有前面的文字，人们也许会认为守礁生活浪漫而惬意。若不亲历其境，更无法想象那种难言的寂寞与艰辛。

渔政执法官陈贞国曾给我念过两段顺口溜："养猪猪跳海，养狗狗发呆。""白天兵对兵，晚上数星星；舱里团团坐，相对总无言。"

前一段说的是，那种深入骨髓挥之不去的寂寞，即便是畜生也无法忍耐，况乎人。都以猪来形容饱食终日无所事事的懒汉，听了猪跳海的故事，才明白猪其实也是有思想有情感的，否则，它不会以投海来解脱饱受寂寞煎熬的灵魂。狗坚强些，但长年见不到生人，连吠叫扑咬的本能也退化了。兄弟单位养了一条退役的大狼狗，上礁的时候活蹦乱跳，可没几个月，就变得无精打采，病猫一样，最后不得不人道毁灭了事。无独有偶，杨虾佬也在船上养了一条小狗，没想回到岸上，小狗竟颤巍巍地趴在码头上，连路都不敢走了。

第二段说的是人。守礁并不像外人想象的那样，可以双脚着地，在礁屿上走来走去。四海茫茫，吃住拉撒全在船上。我仔细丈量过，从后甲板最尾端，经过中部的救生甲板，直走到船头悬挂锚球的地方，90步。左右舷之间，最宽处不超过15步。一天午后，大家都在舱里休息。我独自一人留在甲板上。太阳亮晃晃的，海面也亮晃晃的。刚洗过甲板，蒸腾的水汽无声地扰动着亮晃晃的世界。海天显得益发寥廓旷远。独倚船舷。一种从未体验过的啮心蚀骨的寂寞忽然涌上心头。梁实秋说寂寞是一种清福，是片刻的孤立的存在，是空灵悠逸的境界，正所谓"心远地自偏"是也。可惜我无法进入他那参禅入定的境界，反倒不期然地想起一个人：伏契克。如果让梁实秋与伏契克换个位置，他是否还会仙风道骨，超然物外呢？

自然，守礁人也不同于伏契克。美济礁毕竟还有日出日落，有湛蓝的海水和自由的海风。但，那种难以言状的寂寞，我还是确确凿凿地感受到了。

就是这么一块活动筋骨的地方，也不是随时都可以使用的。南沙的阳光十分毒辣。早晨八九点钟的太阳，足以晒脱你一层皮。甲板滚烫。不到日落时分，谁愿上去晒肉脯？下海钓鱼，也是穿得越厚越好，头顶还得套个头罩。往坏里说，像个蒙面大盗。往好里说，十足一个全副武装的特警。

一天24小时，除掉值班睡觉，有足8小时任你挥霍。都说时间宝贵，可这里的时间缓慢得让人不知如何打发是好。看录像吧，台词都背得出来了，还有啥看头？聊天吧，最刺激、最隐密、最难以启齿的私房事都拿出来说了，嘴巴里还有什么可抠的？都说，守完礁，十天半月里，人还是木木的，连与亲人交流都变得困难了。

今年3月，陈贞国守礁回来，我们给他接风。平时很活跃的他，竟像换了个人似的。问一句，答一句，木讷得像个没出过远门的老农。

也有例外。守礁时间最长的徐伟进说，一上船，就得把所有的牵挂都斩断，连电话都不要打。船上有卫星电话，可你能打吗？光"喂喂"几声，就28块钱。再说，就是家里有事，你又能怎么样？所以，干脆就当没这个家。一切回去再说。

林船长说得更干脆。守礁，一要放心，二要死心。辛苦老婆大人，回去加倍补偿。

没有"舍小家为大家"之类的豪言壮语，却真实得令人为之动容。

保重，301 船的兄弟们！保重，所有守卫美济礁的兄弟们！

国旗与太阳一同升起

编队继续南下。

5 月 31 日零点，空中出现两束不明灯光，一在 303 船上空，一在 302 船左舷，后证实是武装直升机。零点 10 分，编队东侧海面出现移动目标。15 分钟后，确认有船只跟踪，方向 295 度，距离 3.14 海里。零点 26 分，海上总指挥刘添荣召集会议并指示，这一带海域复杂，注意观察，特别是明天早上，要更加警惕。

6 时 40 分，抵近榆亚暗沙西北海面。望远镜里，建在榆亚暗沙上的建筑物清晰可辨。显然，沿途所见的被侵占的岛礁之中，这是经营得最像样子的地方。紧凑的建筑物群落中，耸立着几丛绿树。码头、航标灯、水文测量标志皆历历在目。

　　榆亚暗沙实际是一座断续的环礁，东西长约 34 公里。环礁北部隐入水中，仅低潮时可见。西端较高，高潮时仍有若干礁石露出水面。泻湖水深 5 至 18 米。环礁有三处礁门可供数十吨级船只进出。由于此环礁状如箩筐，泻湖较深，数百年前，海南渔民便将其命名为"深筐"，且口口相传，沿袭至今。1935 年中国政府公布其标准地名为调查礁，1947 年和 1983 年更名为榆亚暗沙。

　　十一年前，吴壮率领的中国渔政巡航编队，曾在这里遭到四艘马来西亚军舰和一架武装直升机的围追堵截。吴壮回忆说，那天的日子我记得很清楚，5 月 15 日。我们刚进入榆亚暗沙海域，就发现有多艘马来西亚船只在海面活动，而且环礁上有施工活动的迹象。我当即命令抵近侦察。我乘坐的 301 船是指挥船。当 301 船向榆亚暗沙驶去时，在附近游弋的四艘马来西亚军舰马上展开扇形战列，从东、南、西三个方向，气势汹汹地向我们冲过来。与此同时，军舰上的武装直升机也紧急升空，对我实施立体围堵。武装直升机又是发信号、又是喊话，还一次次地在我船头低空盘旋，企图逼使我们改变航向。海面的军舰也对我穷追不舍，并不顾我方的多次警告，不停地以穿插和包抄的战术，企图阻止我船前进。虽说是头一次碰到这种阵势，但出于维护国家主权的决心，我命令船只保持航向，全速前进。到了距榆亚暗沙 2 海里处，由于前面是浅滩地带，这才停了下来。对环礁上的情况进行观察和记录后，我们又不顾马来西亚军舰的拦阻，按照事先确定的巡航方向，向簸箕礁驶去。到了那里，我们吃惊地发现，马来西亚人在簸箕礁上也有施工活动。

吴壮说，意识到事态的严重性，我们立即将这一最新情况向上级部门报告。5 月 18 日，外交部作出了反应，照会马来西亚驻华使馆，对其在我南沙群岛榆亚暗沙和簸箕礁上修建设施表示严重关切和不安。不久，外交部发言人也说了话。说到这里，吴壮显得有点无奈。他说，马来西亚人最擅长的是"闷声发财"，无论是占礁也好，开采石油天然气也好，他们都是光干不说，或者是干了再说。

此言不虚。当时，中国已经与东盟国家启动了制定"南海行为准则"的进程，旨在约束有关各方避免采取将南沙争议扩大化和复杂化的行动，包括不再占领新岛礁，以维护南海地区的和平与稳定。马来西亚选择此时占领榆亚暗沙和簸箕礁，显然是想在签署准则之前捞上一把。加上中菲美济礁争端

<<<
永兴岛上的健身房

和当年 5 月 8 日中国驻南斯拉夫大使馆遭美军轰炸，马来西亚判定中国此时肯定无暇顾及南沙群岛争端，是其实现占领榆亚暗沙和簸箕礁的良机。事实证明，马来西亚的如意算盘打对了，多少年过去了，榆亚暗沙和簸箕礁仍处于他们的实际控制之下。

正因为这样，无论是此前此后，中国渔政船巡航南沙，几乎没有一回没碰上马来西亚军舰的挑衅。也正因为这样，南海渔政的头儿们，从老局长刘国钧开始，到吴壮局长、郭锦富副局长、杨朝雷副局长、刘添荣副巡视员，无不都是从大风大浪里闯荡过来的。面对外国军舰的围追堵截，他们沉着应对，巧妙周旋，上演了一出出维护民族尊严和国家主权的壮剧。

翌日 5 时 10 分，编队抵达曾母暗沙。

船泊曾母暗沙中心点，方位北纬 3°58′，东经 112°30′。从地理学的概念上讲，岛指常年露出海面的礁屿，礁随潮涨潮落而浮沉，暗沙则常年没于水下。曾母暗沙呈锥形沙堆状，四周是沙，中央是珊瑚礁。有水下珊瑚沙洲之称。它面积不大，仅 2.12 平方公里。礁区最浅处 21 米。最深处在东北部，坡度陡峭，水深 40 至 50 米。曾母暗沙盆地是南海最有价值的油气开采地区之一。中国科考人员曾对该盆地进行详细勘测，获得的资料表明，仅曾母暗沙西北大陆架上，石油蕴藏量就达 130 亿吨。

大海黑沉沉的。船首前方和右舷有几处灯光，贼亮贼亮。那是马来西亚的油气生产平台，十多年前就已经竖立在那儿了。吴壮说得不错，"闷声发财"的马来西亚，早在 1968 年就向外招标，吸引外国财团和石油公司到曾母暗沙海域勘探开发油气资源。其中最大的一个气田是"民都鲁气田"，储藏量高达 5000 亿立方米，是世界一流的特大气田。就在这块海区的海底，中国海军和南海渔政都投下了主权碑的这块海区的海底，还盘桓着粗大的油气管道。只是，源源奔涌的油气并不受中国人控制，它们流向的是另一片炎热的土地。

船上的喇叭响了，通知船上人员全部到甲板上集中。大家一跃而起。团员们显得更加激动，舱道里响起一片欢呼声："到了，到曾母暗沙了！"

5 时 30 分着装列队，6 时 18 分升国旗。

第一次见识赤道带上的海上日出。四海波静，星星早已隐去，透着墨玉般光泽的大海缓缓起伏，似乎屏息着巨大的呼吸，在等待着海天开裂金光四射的庄严一刻。

雷达甲板上，面对旗杆，团员们与整装列队的船员也在等待着，等待着即将降临的北京天安门升旗的同一时刻。

一阵无声的骚动。无须回首，仅凭感官便可察觉到背后出现了一个令人心悸的变化。是的，此刻，就在此刻，蓦地现出一道细长的金线，将浑沌一体的海天遽然划分开来。几乎同时，伴随着愈来愈猛烈的燃烧，天空与大海忽然喧嚣起来，无以名状的奇丽色彩迅速地变幻着，竟将那刚刚分开的海天又融为一体。赤道的日出，宛如身着迷彩服的方队，威武雄壮地从天边走来。

国歌奏响。旗手右手一扬，鲜红的五星红旗骤然展开。

热血沸腾。带着晨曦，挟着海风，国旗徐徐升起，升起在祖国的最南端，升起在团员们首次抵达的曾母暗沙。海疆，只有此刻，他们才确确凿凿地感受到，地图上的一道曲线，它所蕴含的全部重量和意义。

铁血铸就的南海礁堡

下午抵达西部渔场。慰问了四条广西拖网渔船后，编队又向永暑礁驶去。

永暑礁位于南沙群岛中南部，海南渔民习称"上戊"。

1935 年中国政府命名为"十字火礁或西北调查礁",1947 年改称"永暑礁",并沿用至今。永暑礁长约 26 公里,宽约 7 公里。低潮时大部分礁盘露出水面,高潮时悉数隐没,仅余一块 2 米见方的礁石如树墩似地兀立在海面。

昔日沉浮不定的珊瑚礁,如今已变成一座美丽的"海上花园"。

1987 年 2 月,联合国教科文组织通过了《全球海平面联测计划》,决定在全球范围内建立 200 个海洋观测站,其中计划在西沙、南沙海域各建一个。在当年 3 月召开的政府间海洋委员会第 14 届年会上,会议组织者要求沿海国报名承建。由于建设海洋观测站纯属义务,联合国不但不拨款,今后观测站的维护和运作也全由承建方负责,而且所获得的测量资料将由全球共享。小算盘一打,濒临西沙、南沙的几个国家的代表全部保持沉默。其时中国刚结束十年内乱不久,国内百废待兴,但中国代表仍以一个大国的胸怀,表示愿意在中国海洋区域里建设 5 个海洋观测站。中国代表的表态,获得了世界各国代表的赞赏。

经过海洋调查船"向阳红 5 号"的 23 天巡航考察,中国政府决定选址永暑礁建设南沙第一个海洋观测站。

在远离陆地 560 海里的永暑礁建设海洋观测站，所遇到的困难是非常人所能想象的。1988 年 2 月初，当 11 艘载满施工人员和建筑物资的船只陆续开抵永暑礁的时候，气候变得十分恶劣。6 级大风持续刮了二十多天，浪头高达三四米，此时别说施工，就是躺在舱里也晕得天旋地转。后来风力稍微减弱，但浪高仍将近两米，大大超过半潜驳船作业不得超过 0.62 米的规定。为了争抢时间，指挥部决心不再等待。上海救捞局的施工人员在海军官兵的密切配合下，凭借着过硬的技术，突破安全极限，成功地将 5 艘施工船只卸了下来。

开挖航道的时候，挖礁船啃不动坚硬的礁盘，潜水员便冒着危险潜入水底，在礁盘上安放炸药进行爆破。经过 9 天的爆破作业，不但开通了航道，还利用珊瑚渣堆起了一个 8080 平方米的工作平台。尽管如此，涨潮时，施工人员还是得站在齐腰深的海水里作业。烈日当空，上烤下泡。上半身晒脱几层皮，下半身泡脱几层皮。脱下衣服一看，半截黑，半截白；黑的黑得发枯，白的白得起皱。上下一搓，满手死皮。

种种困难都可以凭藉意志克服，最让人不安的是外来的侵扰和袭击。大约是忽然意识到建设海洋观测站也是一种"事实存在"，越南早在我方施工队伍到达之前，就企图抢先一步侵占永暑礁。1988 年 1 月 31 日，越军派出一艘运输船和一艘武装渔船，满载建筑材料直驶永暑礁，我海军立即进行拦截，越军只好悻悻离去。2 月 18 日，越军把目标转向距离永暑礁不远的华阳礁，先后派出 4 艘舰船进入该礁西南海面，又被我海军驱离。

不甘失败的越军，决定避实就虚，直取尚未被中国海军控制的九章群礁的赤瓜礁、鬼喊礁和琼礁。而这时，我海军为了遏制越南日益猖獗的抢礁行动，也决定增兵南沙。2 月 22 日和 3 月 5 日，南海舰队 502 舰艇编队和东海舰队 531 舰艇编队相继赶到，至此，在永暑礁附近海域，我海军已集结包括驱逐舰和护卫舰在内的大小 15 艘舰船，实力相当雄厚。

战云密布，一触即发。

3 月 13 日，我海军 502 护卫舰进入九章群礁海域对部分岛礁进行考察，下午 2 时 25 分，在赤瓜礁附近海区锚泊。随后，副水雷长王正利带领六名官兵登礁建立考察点，并竖起一面国旗。赤瓜礁是一座约 7.2 平方公里的马蹄形礁盘，因盛产赤瓜参得名。与永暑礁一样，低潮见盘，高潮见点，唯一能露出水面的是东南部的一块礁石。夜里，涨潮了。王正利与战友们手挽手地站在齐腰深的海水里，忍着饥渴和困倦，一步不移地卫护着国旗。

就在我 502 号护卫舰抵达赤瓜礁不久，3 艘越南舰艇也开足马力向赤瓜礁海域驶来。傍晚时分，越军 HQ604 武装运输船在赤瓜礁抛锚，HQ605 武装运输船在赤瓜礁东北的琼礁抛锚，HQ505 登陆舰则在赤瓜礁西北的鬼喊礁抛锚。显然，越军企图兵分三路，同时抢占赤瓜礁和附近的鬼喊礁、琼礁。

我海军 531 舰和 556 舰紧急驰援，当夜 9 时 15 分赶到赤瓜礁海域。556 舰警戒琼礁方向。531 舰与 502 舰会合，全力保卫赤瓜礁。

第二天清晨六时许，越军 HQ604 武装运输船放下一条浮排，装载武装人员和建筑材料，开始向赤瓜礁实施登陆。7 时30 分，43 名越军登上赤瓜礁，并在礁盘一侧插上两面越南国旗。

根据"不示弱，不吃亏，不打第一枪"的预定方针，我海上指挥所针锋相对，当即下令 502 舰和 531 舰分别抽调战斗人员抢滩登礁，替换已在礁上坚守了一夜的部分官兵。我军登礁人数骤然增至 58 人。

礁盘上，对峙的双方只相距 100 米，枪口对着枪口，气氛十分紧张。

与此同时，502 舰政委李楚群用高音喇叭，一遍遍地向越军喊话："这里是中国领土，你们立即离开！""中国领土不容侵犯！不立即撤出中国赤瓜礁，一切后果由你们自负！"

越军并没有把这些喊话当一回事。他们以为，这只不过是虚张声势而已。中国人除了在外交上抗议几声，其实拿不出多少办法。这时，两军的距离已缩短到 30 米。双方仍在步步向前进逼，都想把对方挤出礁盘。8 时 10 分，越军士兵开始放肆撒野，对中国士兵作出种种污辱性的动作，怪叫、撒尿、吐口水，不一而足。

"把他们轰出去！"海上指挥陈伟文将军忍无可忍，高声下令。

"有匕首的跟我上！"仍留在礁上的王正利一挥手，与副枪炮长杨志亮一道带领士兵们向越军压去。身高 1.85 米的反潜班长杜厚祥，一把撞开越军的护旗兵，夺过旗杆，一折两截。反潜兵张清顺势接过半截旗杆，把越旗收缴进怀中。"咔啦"一响，正在与越兵扭打的杨志亮抬头一看，但见一名越兵拉开保险，举枪瞄准了张清。杨志亮大喝一声，左手握住越兵枪管，猛然往上一托。哒哒哒，枪口喷出一道弧形的火焰。张清躲过了暗算，杨志亮却被击中左臂，鲜血直涌。

时针记下了这一刻：8 时 47 分。

坚持不开第一枪的中国士兵立即展开还击，并按照作战预案边打边撤，迅速拉开与越军的距离，以利于我军舰炮发挥火力。

礁上枪声一响，越军 HQ604 武装运输船马上施以火力支援，船上的高射机枪向礁上的中国士兵猛扫。

"还击！打沉它！"陈伟文将军挥着拳头高喊。

502 舰的机枪怒吼了。紧接着，100 毫米前主炮也发言了。头发命中。第一发炮弹就把越军船上的高射机枪炸飞了。此时，距越军开火仅仅两分钟，502 舰的战斗反应时间比操典规定的优秀时间还要短。

502 舰上的大小舰炮一齐开火。4 分钟后，越军 HQ604 武装运输船就燃起熊熊大火。9 分钟后，就拖着滚滚浓烟沉入海底。

8 时 57 分，失去退路的越军登礁人员，只好举起白衬衣缴械投降。中国士兵随即停止射击。10 时 50 分，押着俘虏撤回舰上。

赤瓜礁战斗打响后，位于鬼喊礁海域的越军 HQ505 登陆舰也向我 531 舰开火。531 舰立即反击，并利用速度优势，边机动边射击。很快，越舰前炮被摧毁，烟囱被击中，驾驶台起火，不得不挂着白旗向鬼喊礁抢滩，抢滩后，该舰在鬼喊礁上整整燃烧了5天。然而，让人难以释怀的是，该舰原是中国在1974年3月无偿援助越南的，舰上的桌椅、仪器设备甚至茶杯都赫然印有"中国人民海军南海舰队"的字样。

另一艘越军HQ605武装运输船，在派兵侵占琼礁并经我多次警告无效后，也遭到了我556舰的沉重打击。一轮准确的炮火，顿时就将HQ605武装运输船的驾驶台轰坍，而且船体很快倾侧，连招架之力都没有。22分钟后，556舰停止射击。调头逃窜的越船由于伤势过重，最后还是逃脱不了葬身海底的命运。

"3·14海战"从8时48分我舰开炮还击，到9时37分停止射击，历时仅48分钟。我海军三艘护卫舰共消耗100毫米炮弹285发，37毫米炮弹266发，击沉越船2艘，重创1艘，毙伤越军60余人，俘虏40多人，其中中校军官一人。我军牺牲6人，伤18人。在这场干净利落的海战中，中国海军坚持自卫原则，始终控制着海战的节奏和主动权。挟"3·14"海战余威，我随后又接连收复了东门、南薰、渚碧等三个岛礁，实现对南沙群岛6个岛礁的实际控制权。有人称，这是中国海军第一次以枪炮宣告对南沙的主权。

此役之后，受到教训的越南海军终于清楚了中国的底线，不敢再对永暑礁海洋观测站建站工程进行袭扰。经过189天的紧张施工，永暑礁海洋观测站终于在1988年8月建成。

昔日的硝烟早已散去。扑入团员们眼帘的是一座满目葱茏的"海上花园"。铁与火的记忆，也已化入了奇思迭出的"礁联"。不只是永暑礁，中国海军驻守的每一个南沙礁盘，都有自己的"礁联"。它们各具特色，却又无一不激荡着一股乐观豪迈的精神。

广为人知的一条独联镌刻在永暑礁的菜棚门口："无土运土无菜种菜无中生有"。横批只有一个字："园"。

如不是亲眼所见，外人是很难想象这个"园"字所包含的全部意义的。一亩多的水泥地面，48块整齐划一的菜畦。每块菜畦的一头，插着一块小牌，上书全国各主要省市和共建单位的名字。

已在南沙守礁14个年头、被誉为"守礁王"的南沙守备部队队长龚允冲说，守礁官兵来自不同的地方，都想用家乡省份的名字命名一块菜地。写着安徽省的，是安徽籍官兵种的。

写着四川省的，四川兵在打理。十多年来，守礁的官兵换了一茬又一茬，家乡的泥土也一批接一批地运了过来。别看菜园子不大，全国近 30 个省市的泥土这儿都有。拨弄一下泥土，不但闻得着家乡的气息，也闻得着祖国母亲的气息。

可惜的是，这幅上联至今没人对得上。虽说全国应征的下联成千上万，但难得有一条叫守礁官兵满意的。也许，不在礁上呆上一些时日，光靠肚子里的那点平仄学问，是无法道出官兵们的心声的。

菜棚里的支柱上也有联："水自天上来须看老天颜色当知之不易，人于弹丸聚远离大陆亲人倍觉聚散有缘。"

"四水环围历千年恶浪誓拔大海，七礁驻守迎万路强敌气贯长虹。"

永暑礁的对联真多，几乎是有门就有联。其中有一副长联，雄奇豪放，力挽强弓，堪令金石为开："烙一身古铜纳民族大业，天涯须眉潇潇洒洒烟波浩渺中审潮涨潮落真如壮丽人生留一朝豪气皆成千古风流；铸一副铁骨承祖国重任，军营男儿轰轰烈烈云海变幻处看日出日没都是锦绣山河送一日时光化作万载辉煌。"

南薰礁的礁联则紧扣一个"南"字作文章："礁盘礁堡礁

<<<
永兴岛营房

魂交我放心，南海南沙南薰男儿显威。"

东门礁也露了一手："守东门卫国门东门国门守卫有我们，思前方想后方前方后方共同为国防。"

……

守礁的故事也很多。潮涨潮落，日出日没，虽是烟波浩渺，云海变幻，却也与渔政人的经历大同小异。然而，当团员们听到龚允冲的一个小故事时，刚从美济礁过来的他们，还是眼圈一热，禁不住抹起泪来。

那是十多年前的事了。龚允冲第一次上礁。本想用来打发时光的书本全叫海浪卷走了。没报纸，没广播，没电视，连一茎小草也见不着。海天茫茫，茫茫海天。为了打发这枯寂难忍的日子，他背起了药瓶上的说明书。半年后，来了一个文艺慰问团。本来就没有多少艺术细胞的他，竟亮开嗓门，将一张背得灵的药品说明书，从最后一个字倒背到头一个字。语音没落，慰问团的两个女演员早已感动得泣不成声。

铁血堡礁，除了铁的坚硬，还有血的丰盈。这，可是陆地上的国人所能了解的吗？

青花瓷牵出的历史记忆

离开永暑礁，向北航行 444 海里，便是这次巡航的最后一站：西沙永兴岛。

西沙群岛位于南海的中南部，由 34 个岛礁和 7 个浅滩组成。群岛从东北向西南延伸，长约 250 公里，宽约 150 公里。西沙的岛礁分为两个组群。东群为宣德群岛，由永兴岛等 7 个主要岛屿组成；西群为永乐群岛，由琛航岛等 8 个主要岛屿组成。

永乐和宣德，均是我国陶瓷史上熠熠煌煌的极盛时期。至今，国际拍卖场上，永乐瓷和宣德瓷仍是千金难求的珍贵瓷品。仿佛冥冥中有人在指点，再次踏足永兴岛的伊始和郭小东，意外地在一座椰林掩映的渔村里，发现了几块永乐青花瓷片。它们与一堆碎瓷混杂在一起，随便丢弃在墙根下。喜好收藏的伊始一见，如获至宝，马上蹲下身子细细翻捡。不多时，便翻出几块硕大的碗底。看器型，是典型的元代墩式大碗风格，高足，直壁，满釉。碗壁有至今不见记载的青花航船纹饰，足底有青花楷字四字竖款："大明年造。"

"谁说永乐无大器？谁说大明无四字款？"伊始举着手中的宝贝，兴奋得嗷嗷叫。

"是官窑吗？"郭小东也生起兴趣来。

"不，是民窑。"伊始依然兴奋万分，"民窑也了不起呀，你看，这釉水多肥。"

屋主是个渔民，一身黝黑。他好奇地探过头来，说："这有什么，海里多的是。"

"听说，中国海底考古队也来过西沙，但收获不多。"

屋主听伊始这么一说，笑了起来："多的是，西沙南沙多的是。他们不摸门路，自然找不到罗。"说着，屋主一指伊始手中的瓷片，"喜欢就拿去"。

"海捞"，是近年流行于中国收藏界的一个名词，姑且不论其来路正当不正当，能否私下交易，但海南潭门渔民确实在西沙南沙打捞过大量的水下文物。它们与史籍互为印证，证实西沙南沙历来就是中国的领土。最早发现西沙群岛，当在汉武帝时代，其时称之为"崎头"。北宋时期，则称为"九乳螺洲"。南宋，又称"千里长沙"。此后，元、明、清三代，也代代有称谓，或"万里石塘"，或"石塘"，或"万里长沙"，均保持着形意融合的汉语修辞风格。至于西方所称的"帕拉塞尔群岛"（即我西沙群岛），则源自于中国古籍所记载的"石塘"，葡萄牙语，意为"石礁"。

说起西沙群岛，稍上点年纪的人都会记得 30 多年前那场著名的西沙之战。如果说南沙的"3·14 海战"是"集中优势兵力，各个歼灭敌人"，那么，西沙海战就是以少胜多、以弱胜强的典范战例。有关这场海战的回忆录和文艺作品很多，这里无须再作铺陈。但一些鲜为人知的细节，却是很值得重温的。通过这些细节，即便是对此战毫无了解的年轻人，也约略可以形成一个大概的印象。更重要的是，细节有时候比史述更加真实，也更加感人。

战火开启于 1974 年 1 月 19 日，史称"1·19 海战"。

其时，南越海军在西沙海域集结了 3 艘驱逐舰和 1 艘护卫舰，大的 1770 吨，小的 650 吨，总吨位 6000 多吨，舰上共装有 127 毫米以下口径的火炮 50 门。而我参战的 4 艘舰艇，全部加起来才 1760 吨，尚不及对方最大一艘舰船的吨位。至于火力配备，仅有 85 毫米口径火炮 16 门，其余多是双管小口径火炮。双方实力悬殊极大。

据时任榆林基地副司令、西沙海战前线总指挥魏鸣森将军回忆，参战的两艘国产猎潜艇服役已近 10 年，设备陈旧老化，它们的五脏六腑，是临战前才用另外 4 艘同型号艇只上的设备拼凑而成的。这些设计于二战时期的苏式国产艇只虽然名为猎潜艇，但在平时的使用中，多是执行低烈度的日常巡逻和护渔任务，并不列入一线战斗舰艇。由于战事紧急，我军此时已别无选择，只好逮住驴子当马骑。而南越海军则从美军手中接收了 10 余艘战舰，装备水平远超南海舰队之上。如此看来，南越海军在两军对峙和初战阶段的有恃无恐便不难想象了。

对南越西贡当局大肆侵占南沙、西沙岛礁的举动，毛泽东早有警惕。1972 年初就指示召开专门会议商讨西沙设防问题。毛泽东下令，西沙防御务必做到"铜墙铁壁，上不封顶"。会议同时作出两个重要决定，一是在永兴岛修建机场和能够停靠千吨级舰船的码头，并调猎潜艇 74 大队进驻，把永兴岛建成西沙防务的一块坚强基石。二是用武装民兵把南越军人挤出珊瑚岛。可憾十年动乱误国误军，直至 1974 年码头仍未竣工，调 74 大队进驻西沙及收复珊瑚岛也成了纸上谈兵。

十年动乱的影响远不止于此。部队深受其害。平时只搞些锚地集训，基本上没有大的实战演习。情报、通讯、后勤工作也大受影响，其造成的后果在海战中将暴露无遗。

准确的情报是胜利的保证，但直到编队出发前，舰队发来的电文内容仍是：立即出发巡逻，经永兴岛至甘泉岛与渔船会合，然后返永兴岛待命。而榆林基地此时所能找到的全部南越海军的资料，只是一本《美军舰艇识别手册》和一本《美军飞机识别手册》。十年动乱危害之烈，由此可见一斑。

尽管舰队电文命令中多次出现"巡逻"二字，但根据渔民的报告和西贡当局在南沙群岛的军事占礁行动，榆林基地的将领意识到此行不会是巡逻那么简单，因而在备航工作中，始终立足于打。这时73大队正好有一批老兵要退役，一听说可能有仗打，再也死活不肯走了，软磨硬泡，硬是挤上了271、274艇。结果，这两艘猎潜艇不但集中了全大队最好的装备，而且集中了全大队最精华的战斗骨干。两艇全部超员，部分战位出现双岗。在瞬息万变、缺乏后勤支持的海战中，有经验的老兵无疑是舰艇上最宝贵的财富了。或许，这正是我军在劣势中之所以能够取胜的关键之一。

编队出航时天已全黑。航线上有处暗礁名叫鬼礁，是出名的夜老虎，白天通过问题不大，入夜后危险就增大了。总参副参谋长向仲华得知编队为装运民兵物资而拖延了出航时间，立马就在电话那头吼了起来："走！马上走！装多少算多少，没装的拉倒！"

<<<
2006 年中国大陆在南海
宣示主权

　　两艘刚更换大量设备的猎潜艇，虽然还来不及试航试炮就连夜开赴西沙，但好在艇上老兵多，驾轻就熟，人机很快就进入了状态。各部门的战位训练热火朝天，魏鸣森却是一脸凝重。鬼礁没过，心里总悬着一块大石头。基地就这么两条勉强拿得出手的小艇，容不得有个闪失。陆上导航站的导航范围只有 60 海里，对鬼礁一带海域鞭长莫及，只能依靠船上的探测仪和水手的经验进行夜航。接下来意想不到的事情发生了，由于受东北季风影响，风压流压使编队航向偏向南面。阴差阳错之间，鬼礁就这么绕过去了。好险。

　　永兴岛码头虽未完全竣工，但靠个百吨小船还是不成问题。靠岸不久，一纸电令飞来：编队直接受广州军区指挥。由于编队没有广州军区呼号、密码、波长，所谓"直接指挥"，其实仍得由舰队中转。永兴岛的情况也无法令人满意，岛上有革委、工委、人武部、工作组等 8 个团级单位，共千余人。但除了渔民从一些岛礁带回来的消息，大家对前线的情况并不了解。由于大家都是平级单位，谁也管不了谁，因而战前准备工作也很不充分。军队里有个传统，无隶属关系单位共处，以级别最高者为领导。榆林基地是军级单位，魏鸣森自然成了永兴岛的最高指挥官。他迅速召集岛上各单位，沟通情况，划分防区，下达任务。曾经跟随开国上将杨勇出生入死，并担任过贵州城防司令的魏鸣森，此时犹如高手对弈，排阵布局，落子如飞。

首次遭遇敌舰是在琛航岛海域。为保护渔民和抵近侦察，编队全速前进。远海有浪就是 4 级，加上 17 节的极限高速，艇首激起的巨浪扑过驾驶室，接二连三地在后甲板上猛烈炸开。场景十分震撼。敌舰是"萨维奇"级护航驱逐舰，排水量 1590 吨，系南越海军主力舰。敌舰发出灯光信号，询问我艇身份。我艇一边疾驰，一边回答："我是中华人民共和国海军舰艇，在此巡逻，立即离开我领海！" 271 艇信号兵不通英文，只能对照手册逐词拼发，结果"领海"一词刚发出，271艇已冲至敌舰 2 链处。魏鸣森立即命令减速。骇人的巨浪轰然合拢，宛若一座平台。271 艇鲇鱼似的从浪里钻了出来。舰桥上的官兵抹去满脸海水，立即分工记录敌舰情况。

编队与海上渔船的联络也极不通畅。一天傍晚，271 艇与南海水产公司的两艘渔船联络，要求他们一起开往晋卿岛。艇上又是高音喇叭，又是灯光信号，舰桥上的水兵们也一齐挥手大喊，渔船不但没有一点反应，反而掉头向琛航岛开去。夜里，271 艇再次以信号灯联络渔船。信号发了一遍又一遍，还是毫无动静，仿佛被黑夜吞噬了一样。20分钟过去了，渔船仍未回答，信号员都几乎要绝望了，突然，渔船方向亮起信号：明白。半个小时后，渔船领队张秉林乘着小艇登上271艇。他是部队转业干部，与魏鸣森是老相识。一见面，魏鸣森就当胸给他一拳："我给你发信号，你还装聋作哑!"张秉林"嘿"地猛拍一下大腿："我一个船上一个信号员，一个会发，一个会收，他俩不到一块，我怎么给你回呀!"话没落地，舱室里轰然响起一片笑声。

魏鸣森对渔民在西沙海战中所起的作用评价很高。他说，只凭前敌侦察和协运民兵两条，就足够给他们记个头功了。事实确实如此。深知情报重要性的张秉林，在编队到达之前，就已带领两条渔船开始前敌侦察。张秉林汇报说，东三岛只有珊瑚岛和金银岛设有工事，驻扎在上面的南越部队大约有七八十人，看起来都不是能打仗的兵。

此言不虚。西沙之战打响后，伊始天天到机关保密室翻《大参考》。消息称，驻守西沙岛礁的南越士兵，多是受了军纪处分或与长官有过节的人。他们独自开伙，捕鱼捉虾，晾晒干货，俨然地道的渔夫。郑庆杨也说，他们家乡的渔民有人参加登岛侦察，发现挂在墙上的一把枪，竟然长起了蜘蛛网。

上苍给了南越军人精良的装备，却取走了他们的斗志与勇气。407轮是南海水产公司的一条渔轮，然而它却敢与吨位十数倍于我的敌舰对峙。在羚羊礁东北，它利用浅水区与敌16舰周旋，在5个小时里，16舰三次拦截无果，敌4舰又赶来增援。就在4舰的指挥官大骂同僚饭桶的时候，将近2000吨的16舰突然如一座山似的向407轮靠了过来。渔轮的船身和驾驶楼被撞得嘎嘎作响。渔民破口大骂。冲撞无果，4舰又掉转船身，再次撞向渔轮左舷。砰地一声巨响，敌舰右锚猛然撞破渔轮驾驶楼，牢牢地搭在窗框上。敌舰不停喊话，命令渔民解开铁锚，否则就向渔轮开火。渔轮汽笛大作。身背自动步枪的渔民们，纷纷把手榴弹箱、轻重机枪、高射机枪搬上甲板，并迅速进入战位。有人仰头大喊："妈的，来呀！"南渔水产公司的渔民多是退伍老兵，知道渔轮紧贴在敌舰舷下，舰上的枪炮难以发挥火力，真要拼起来还不知鹿死谁手。敌舰上的高声喇叭沉默了。渔民视死如归的气势，令敌人大为震撼，相持半小时后，4舰终于炮口归零，所有炮管由瞄准状态转为上仰45°角，以此示意不会交火。随后又挂出OD旗，表示刚才的冲撞是由于操纵失灵，实属无意。至此，407轮才开机退车，放敌收锚。我区区一艘渔轮居然逼退敌人两艘驱逐舰，这场海上"文斗"，令我南海军民士气大振，而 4 舰上的美国顾问，此刻不知作何观感？

相持阶段，我海军也上演了一出好戏。为阻止敌舰放艇运兵登陆晋卿岛，274 艇利用夜色慢速逼近距我锚地 64 链的 4 舰。不知是疏忽还是轻敌，4 舰一直都没什么反应，直至我艇与它距离仅有 1 链的时候，才如梦初醒，赶忙打开全舰的探照灯，集中照射 274 艇。在光柱的笼罩下，274 艇甲板亮如白昼。敌舰发出信号要我艇离开。我艇不予理睬，与敌舰保持距离，就地机动。半小时过去了，敌舰见无法逼走我艇，只好亮起绿色航行灯，悻悻离去。

交战前夕，1 月 18 日，南越海军两艘陈字号主力舰进入西沙群岛水域。10 舰是"陈平重号"，16 舰是"陈庆瑜号"，它们带来了新的编队指挥官。"陈平重号"担任旗舰。而我 10 大队两条刚完成厂修的扫雷艇，也进入晋卿岛锚地与 271、274 艇会合。它们分别是 389 艇和 396 艇，最大航速仅 10 节。此时，两军海上对垒的吨位比已达 3∶1。

在这个剑拔弩张的日子，南海舰队当晚截获一条重要电报，报头为"总统阮文绍复电海上旗舰陈平重"，电文内容大致如此：第一，收复越南领土琛航岛。第二，总的方针是采取温和路线，如中共开火，要立即还击，消灭他们。10 号、16 号负责跟踪中共苏式护卫舰（电文原文如此），4 号、5 号支援 BH 分队登陆，消灭渔船和小船。第三，行动时间 19 日 6 时 25 分。

19 日凌晨，广州军区司令员许世友亲自打电话到南海舰队，下令正在永兴岛待命的 281 编队立即赶赴战区支援作战。许世友将军脾气大，说话急，舰队通信兵一慌，只顾着发报，却忘了舰艇靠岸后，按照部队规定，船上电台一律关闭，所有联系只能通过岸台转接。一个小小的疏忽，造成 281 编队直到开机调试电台时才发觉舰队在紧急呼叫，而这时，舰队持续呼叫已超过 6 小时。

舷窗外，海面上见不到一点灯火。战士们和衣而睡。271 艇指挥室里，魏鸣森斜靠在椅子上闭目养神。艇身摇晃得厉害，他却浑然不觉。基地里，他是个出了名的秤砣。秤砣归秤砣，出了海，再大的风浪也颠他不晕。从抗日战争一路打过来，大场面见得多了。越是临战时刻越是平静。此刻，他考虑的是如何做好"3：1"这道题。面对敌军的优势兵力，避实击虚是最好的办法。但敌人不是傻子，不会掀起软肋让你白揍。战机，如何捕获稍纵即逝的战机？敌人舰大是不假，但只要有一只落单，我四条小艇就是撕也要把它撕碎！假寐中的魏鸣森突然举起一只拳头，狠狠地砸在扶手上。

这场仗打得光明正大。天亮后，敌舰果然向我发出信号："这里是越南海域，你们立即离开！"我当即回答："这是中国领海，你们立即滚蛋！"

这场仗打得很聪明。初次接敌时，我271艇和274艇高速插入敌军两舰之间，各艇距敌舰均100米。看起来，这种做法实属兵家大忌——难以机动，易遭夹击——其实，这是以弱克强的狠招。由于敌舰与我距离过近，舰上的大中口径火炮若压低射击，炮弹出膛后角度太小，很容易变成"水漂"击中己舰。敌军的顾忌，正是我军的自由。此时，我艇大可逼近射击，最大限度地发挥火力，将武器上的劣势转变为优势。

敌舰见势不好，开始对靠，企图挤走如鲠在喉的两艘战艇。我编队伺机而动。当双方距离缩短到50米时，271艇和274艇突然同时起动，先退车左转，继而右舵进车，带着卷起的尾浪，停到了5舰舷外100米处。当即形成二对一的攻击态势。一退一进两个动作，把猎潜艇的机动性能发挥得淋漓尽致。我方仍然占据主动。

这场仗打得非常惨烈。10时21分，退回西南方向深水区的敌舰突然展开进攻队形向我扑来。由于深水区风高浪急，不利于小艇作战，我编队此时也已收回近岛水域。10时23分，敌舰开火。我军各艇立即开炮还击，并高速接敌，以期尽快压缩距离。刚开始冲锋，274艇驾驶台就被敌炮击中，政委冯松柏、副艇长周锡通当场牺牲，只剩下副大队长罗梅盛和艇长李祥福指挥。接敌过程中，敌4舰、5舰集中火力攻击274艇。274艇先后中弹十数发，其中127毫米炮弹5发。除主副炮、主辅机、磁罗经外，艇上其他系统全被打坏。但127艇仍奋力前驱，紧随271指挥艇，从2000米一直打到几十米。拖着滚滚浓烟插进敌阵的127艇，此时操艇设备已全部失灵，一时间，失去控制的127艇陷入了敌舰的交叉火网。罗梅盛及时措置，与李祥福口头接力传令，以车代舵，一边全速退车，一边利用前主炮连续射击，将敌4舰的76炮打哑。

我389艇中弹起火后，也拖着烈焰奋勇戮敌。击伤16舰后，又调转炮口配合396艇猛攻10舰。85毫米炮一轮急射，击穿10舰装甲指挥室，击毙敌舰长及观通指挥人员数人。瓦解敌舰进攻后，魏鸣森发现389艇上的火团越来越高，艇首上翘，尾部下沉，波浪急速涌上后甲板。询问其情况，389艇回答：火扑不灭，操纵失灵，后舱大量进水。魏鸣森再问：能否自航去琛航岛抢滩？答：可以。

据参加支前的潭门渔民介绍，当他们登上抢滩成功的389艇收殓烈士遗体时，眼前的景象十分震撼：烟雾弥漫的副机舱里，抢修电机的5名战士全部牺牲；主机舱里，也有6名扑救大火的战士献出生命；炮位上，牺牲了的填弹手仍紧抱着炮弹不放。看到一些水兵的下半身被烧成硬炭，渔民们再也控制不住自己，一个个放声恸哭。

在这场耗时50余分钟的海战中，我军以18人牺牲、两艇重伤的代价，击沉敌护卫舰1艘、击伤驱逐舰3艘，取得了近代以来中国海军史上首次对外战争的完胜。此后，我军又乘胜前进，一举收复永乐群岛中的珊瑚、甘泉、金银三岛。

西沙海战结束后，南越当局对外宣称，中国海军派出了实力强大的"科尔马级驱逐舰"，并使用了"冥河式导弹"。失败者为自己的失败蒙上一块遮丑布不足为奇，奇的是他们竟然同时虚构出我军射杀沉舰敌兵的谎言。对此，魏鸣森在回忆录里作出了回应：敌10舰被我击沉后，舰上确实放下两条橡皮艇。但驰援而至的281编队在完成对10舰的第三次打击后，就立即向271艇靠拢，以防敌人再度进犯。而且我军大小枪炮弹药消耗很大，海上补给困难，上级再三命令务必节省弹药，

281 编队自然不肯多做无谓浪费，所以射击敌舰落水官兵一说纯系诽谤。

18 年后，当年的 389 艇艇长、海军舟山基地司令员肖德万将军，带领儿子、儿媳妇和孙子专程登上琛航岛。在海战中牺牲的 18 位官兵，多是 389 艇的人员。一踏进烈士陵园，他就脱下军帽，含着满眶泪水说："老战友，我看你们来了。"老将军在陵墓前守了整整一夜，一番番地给安息在此的战友点中华烟，斟茅台酒。部属和亲人再怎么劝，他总是那句话："你们回去睡吧，让我再陪陪老战友，和他们再说会儿话。"

这一夜，老将军与长眠于此的战友们都说了些啥，我们无从知晓，但他们的彻夜长谈，必定是这个世界上最家常、最真实、最暖心的话语。

18 年过去了，你们当年的艇长都当上爷爷了，而你们仍然是一副二十郎当的样子。刚进新兵连那阵子，你们是那么腼腆，那么憨厚，当然罗，个把人也很皮。而今，尽管你们已长眠不醒，却一个个还是那么帅气，那么精神。更重要的是，在这 18 年里，与你们隔海相望的祖国大陆，经历了翻天覆地的变化。这个变化，再怎么说也说不尽。一句话，中国已不是当年的中国。你们没机会登上新的战舰，但你们应该望得见它那猎猎作响的国旗。上面有你们的血迹。你们的血迹与千百年来无数先烈的血迹混和在一起。阳光下，它是那么鲜红，那么耀眼，哪怕是远远望上一眼，周身的热血都会顷刻沸腾。

都说人生一世，草木一秋。这话并不假。无论是英年早逝，还是长命百岁，终究都是在这个世界上走它一遭。赤条条来去无牵挂是假话，人生总有些东西是放不下的。不是票子，不是车子，不是房子。带它不走，就是带走了也没用。拿得起放不下的只有感情，一种深埋于心的牵挂。放心吧，你守着大海，大海也守着你们……

涛声依旧。琛航岛的海风，你可听见他们肝胆相照的交谈？西沙的海浪，你可曾记下 18 年前发生在这片大海上的每一幕景象？会的，你会的，就像千百年来你为南中国海所做的那样，一切都会记录下来，一切都不会被遗忘。

附录:《中国南海诸岛工程纪念碑碑文》

中国南海,东邻菲律宾,西濒中南半岛和马来半岛,南至加里曼丹岛。总面积为三百六十万平方公里。散布在东沙、西沙、中沙、南沙四个群岛及黄岩岛等,星罗棋布,组成中国南海诸岛。

史载,早在汉代,中国人民已在南海航行,首先发现南沙诸岛。尔后,世世代代舟楫捕捞往返在海陆之间,荷锄耕作栖息于诸岛之上。至宋代,中国政府首先对南海诸岛行使主权,派遣水师巡视,划归中国版图,实施经营管辖。清初,《海国闻见录》首将南海诸岛以东沙、西沙、中沙、南沙群岛分别命名。宣统元年四月,政府派广东水师赴西沙群岛视察,并勒石升旗。公元一九四六年抗日胜利,中国政府收回了被日本侵占的西沙群岛和南沙群岛,重竖主权碑。

中华人民共和国成立之后,政府多次发表声明,重申南海诸岛"一向为中国领土"并进驻若干岛礁。中国对南海诸岛主权亦为国际上广泛承认。南海诸岛沧桑千年,炎黄后代创业今朝。根据联合国教科文组织的要求,奉中华人民共和国国务院，中央军事委员会之命，中国人民解放军海军及南海舰队令舰队设计处设计，并组织上千官兵会同地方施工船只，于1988年2月，赴远离大陆一千四百公里的南沙永暑礁。半年内，建成我国在南沙的第一个海洋观测站，又于1990年8月在华阳、赤瓜、东门、南薰、诸碧等礁盘建成由海军工程设计局设计的永久性设防工事。1988年8月，中华人民共和国，中央军事委员会决定，在西沙群岛的永兴岛建设大型机场。由海军工程设计研究局设计，海军后勤部西沙工程指挥部组织施工，于1991年4月竣工。

南海诸工程总投入海军官兵和地方施工人员数千人，耗资数亿元。南沙诸岛工程建设期间，军民携手，官兵同心，为捍卫国家主权，造福子孙后代，促进人类的和平与发展，搏风高浪大，抗日晒水蚀，挥汗沥血，于此海天之间，弹丸之地，弘扬民族精神，创建不朽功勋。今于永兴岛立碑铭志，以昭千秋。

中国人民解放军海军

一九九一年四月立